建筑工程 BIM 建模及交付技术研究与应用

广州市建设科技中心　编著

中国建筑工业出版社

图书在版编目（CIP）数据

建筑工程 BIM 建模及交付技术研究与应用 / 广州市
建设科技中心编著. —北京：中国建筑工业出版社，
2020.1
ISBN 978-7-112-24722-6

Ⅰ. ①建…　Ⅱ. ①广…　Ⅲ. ①建筑设计–计算机
辅助设计–应用软件　Ⅳ. ① TU201.4

中国版本图书馆 CIP 数据核字（2020）第 022079 号

责任编辑：李玲洁　王　磊
责任校对：芦欣甜

建筑工程BIM建模及交付技术研究与应用
广州市建设科技中心　编著
*
中国建筑工业出版社出版、发行（北京海淀三里河路9号）
各地新华书店、建筑书店经销
北京鸿文瀚海文化传媒有限公司制版
北京富生印刷厂印刷
*
开本：787×1092毫米　1/16　印张：14½　字数：329千字
2020年5月第一版　2020年5月第一次印刷
定价：78.00元
ISBN 978-7-112-24722-6
（35147）

本书编委会

主　　编：王　洋
副 主 编：胡芝福　邵　泉　乔长江
参　　编：李敏健　徐淦开　黄志超　李春余　杨　志　曹京源　张　楠
　　　　　王道初　刘　芳　邓艺帆　李腾元　陈家成　洪毅生　欧阳伟
　　　　　蒋恒宝　许志坚　王文剑　王远利　傅　楠　温锦成　陈　箭
　　　　　谢双灵　陈　梅　梁启颖　李亚楠
主编单位：广州市建设科技中心
参编单位：广州一建建设集团有限公司
　　　　　广州市机电安装有限公司
　　　　　广州市第三建筑工程有限公司
　　　　　广州市水电设备安装有限公司
　　　　　广州市建工设计院有限公司
　　　　　广州市建筑科学研究院新技术开发中心有限公司
　　　　　广东省建筑设计研究院
　　　　　广东星层建筑科技股份有限公司
　　　　　广东省建筑科学研究院集团股份有限公司
　　　　　广州市城市规划勘测设计研究院
　　　　　深国际前海置业（深圳）有限公司

本书审定专家

（按姓氏笔画排名）

验收专家：刘萍昌　杨远丰　何　波　陈炜健　林臻哲　罗　聪　周舜英
　　　　　钟长平　郭向阳　梁　焘　葛国富

前　言

　　BIM（Building Information Modeling，建筑信息模型）是以三维数字技术为基础，集成了建筑工程项目各种相关信息的工程数据模型，是对该工程项目相关信息的详尽表达。三维数字可视化技术在建筑工程中的直接应用，更直观地对建筑工程进行表达和描述，并对事前各项问题进行提前预警，使工程各参建方能够对各种建筑信息做出正确的应对，同时为协同工作提供坚实的基础。

　　2017年习近平总书记在党的十九大报告中指出"推动新型工业化、信息化、城镇化和农业现代化同步发展"的理念，并强调加快建设创新型国家，突出现代工程技术，为数字中国、智慧社会提供有力支撑。《广州市信息化发展第十三个五年规划（2016—2020年）》提出大力发展建筑信息模型（BIM）技术，加强物联网技术在建筑节能监管中的应用，以信息化推进建筑节能与环保、绿色建筑和绿色施工。信息化已成为经济增长的新动能，在建筑工程建设中，信息化投入持续增长。BIM（建筑信息模型）作为信息化的核心技术，已应用到建筑工程规划、设计、建设、运行等方面。

　　以高度世界第三、中国第一的上海中心大厦为代表，近年来应用BIM技术的工程比比皆是，如上海迪士尼、重庆市T3A航站楼、广州周大福金融中心、港珠澳大桥等，涵盖了超高层、商住楼、公共建筑、交通枢纽、道路桥梁、地铁、场馆、保障房等各方面。2015年6月，住房城乡建设部下发的《关于推进建筑信息模型应用的指导意见》提出，到2020年末，建筑行业甲级勘察、设计单位以及特级、一级房屋建筑工程施工企业，应掌握并实现BIM与企业管理系统和其他信息技术的一体化集成应用。同时，多个地方也纷纷出台相关推进BIM应用的指导意见，编制BIM相关的标准和指南，BIM已成为国内建筑业的发展趋势和新常态。

　　广州市建设科技中心非常重视BIM的研究与推广应用，2018年启动了"广州市建筑工程BIM建模及交付标准研究"课题，以提高建筑工程建筑信息模型在全生命期过程中的兼容性和可传递性，促进广州市建筑工程信息模型技术的应用和推广。课题目标成果之一就是《建筑工程BIM建模及交付技术研究与应用》。在广州市建设科技中心的指导下，课题组组织编写了本书，可作为企业开展BIM技术应用的参考资料。

　　本书共分为三篇：第一篇从广东省建筑信息模型市场发展与应用状况开始，首先介绍BIM技术政策支持、推广格局分析与广东省建筑信息模型市场推广应用前景，接着介绍广州市建筑信息模型市场发展与应用状况、推广应用前景。第二篇详细介绍了广州市建筑工程BIM建模与交付标准，明确了规划、设计、施工、竣工验收、运维等全生命期土建、机电、精装修专业建模规则、交付格式、交付深度、交付内容以及验收条件等，旨在为广州市建筑工程BIM建模与交付做出原则性规定，支持规划、设计、施工、竣工验收、运维等阶段的建筑工程全生命期管理，实现各阶段信息传递及信息应用。第三篇分析了广东省BIM应用工程案例，包括：韶关印雪精舍旅游配套设施项目BIM施工一体化技术应用、华润深圳湾综合发展项目BIM技术应用、宝境广场（广东）项目BIM技术应用、深国际前海智慧港先期项目BIM技术应用、越秀金融大厦项目施工总承包BIM技术应用、广州宏城广场综合改造工程BIM技术应用、广州市轨道交通21号线车站设备安装工程Ⅰ标段工程BIM技术应用、汕头大学新医学院项目教学楼机电安装工程BIM技术应用、番禺天河城一、二期机电安装工程BIM技术应用。

本书编写分工如下：

第一篇

第一章、第二章：广州一建建设集团有限公司、广州市建设科技中心

第二篇

第三～第五章：广州市建设科技中心、广州一建建设集团有限公司

第六章：广州一建建设集团有限公司、广州市机电安装有限公司

第七章：广州一建建设集团有限公司

第八章、第九章：广州市建筑科学研究院新技术开发中心有限公司、广州市建工设计院有限公司、广州一建建设集团有限公司、广州市机电安装有限公司、广州市第三建筑工程有限公司、广州市水电设备安装有限公司、广东省建筑科学研究院集团股份有限公司、广州市城市规划勘测设计研究院

第三篇

第十章：广东星层建筑科技股份有限公司

第十一章、第十二章：广东省建筑设计研究院

第十三章：广东省建筑设计研究院、深国际前海置业（深圳）有限公司

第十四章、第十五章：广州一建建设集团有限公司

第十六章：广州市水电设备安装有限公司

第十七章：广州市第三建筑工程有限公司

第十八章：广州市机电安装有限公司

本书是编委会成员BIM应用的实践总结，旨在为BIM技术的应用与研究提供思路与借鉴。本书不当之处，敬请读者和专家指正。

目　录

第三篇　BIM 应用工程案例分析

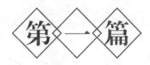

建筑信息模型推广应用状况分析

第一章　广东省建筑信息模型推广应用分析

第一节　广东省建筑信息模型市场发展与应用状况

根据广东省住房和城乡建设厅的数据显示，近年来，广东省建筑业生产经营情况平稳向好。新增资质企业对全省建筑业总产值的增长拉动作用比较明显，全省建筑业企业签订合同量增长较快。分区域看，广东省建筑业产值增长较为均衡，珠三角地区、东翼地区、西翼地区等区域间产值增速差距逐渐缩小。城市建设步伐加快，铁路、道路、隧道和桥梁工程等基础设施建设加快增长。

BIM技术作为下一代工程项目数字化建设和运维的基础性技术，其重要性正在日益显现。近年来，各级政府和行业组织不遗余力地引导行业应用BIM技术，广东省也在积极推广BIM技术的应用与发展。

一、BIM技术的政策支持

随着国家推行BIM技术力度的加大，近年来，广东省政府推出了一系列BIM政策。

2014年9月3日广东省住房和城乡建设厅发布《关于开展建筑信息模型BIM技术推广应用工作的通知》，指出全省开展BIM技术推广应用的目标是：到2014年底，启动10项以上BIM技术推广项目建设；到2015年底，基本建立广东省BIM技术推广应用的标准体系及技术共享平台；到2016年底，政府投资的2万平方米以上的大型公共建筑，以及申报绿色建筑项目的设计、施工应当采用BIM技术，省优良样板工程、省新技术示范工程、省优秀勘察设计项目在设计、施工、运营管理等环节普遍应用BIM技术；到2020年底，全省建筑面积2万平方米及以上的建筑工程项目普遍应用BIM技术。

2014年9月29日广东省住房和城乡住建厅发布《广东省住房城乡建设系统工程质量治理两年行动实施方案》，促进BIM技术广泛应用：鼓励建设、勘察、设计、施工、监理单位五方责任主体联合成立BIM技术联盟。促进BIM技术在大型复杂工程的设计、施工和运行维护全过程的推广应用。2万平方米以上的大型公共建筑，以及申报绿色建筑和省优良样板工程、省新技术示范工程、省优秀勘察设计项目应当逐步推广应用BIM技术，促进建筑全寿命周期的管理水平。

2018年7月，广东省住房和城乡住建厅发布了《广东省建筑信息模型应用统一标准》，并于9月1日起实施。该标准对BIM技术在建筑工程的设计、施工、运营维护各阶段中的模型细度、应用内容、交付成果做出规定，整体考虑了各阶段模型与信息的衔接，是广东省第一部建筑信息模型应用方面的工程标准，对推动广东省BIM技术应用具有重要意义。同年 7 月再次发布了《广东省建筑信息模型（BIM）技术应用费用计价参考依据》，引导和规范工程建设项目参建单位的 BIM 技术应用工作，推动全省 BIM 技术在工程建设项目设计、施工和运维阶段的应用。

深圳市作为广东省经济发展的一个关键城市，积极推进 BIM 技术在工程建设领域的发展。2014 年 4 月 29 日深圳市人民政府办公厅发布关于印发《深圳市建设工程质量提升行动方案（2014–2018 年）》的通知指出，推进 BIM 技术应用，在工程设计领域鼓励推广 BIM 技术，市、区发展改革部门在政府工程设计中考虑 BIM 技术的概算。搭建 BIM 技术信息平台，制定 BIM 工程设计文件交付标准、收费标准和 BIM 工程设计项目招投标实施办法。逐年提高 BIM 技术在大中型工程项目的覆盖率。

2015 年 5 月 4 日，深圳建筑工务署发布《深圳市建筑工务署政府公共工程 BIM 应用实施纲要》和《深圳市建筑工务署 BIM 实施管理标准》，使深圳成为全国首个发布政府公共工程 BIM 实施纲要和标准的城市。《深圳市建筑工务署政府公共工程 BIM 应用实施纲要》包括 BIM 应用的形势与需求、政府工程项目实施 BIM 的必要性、BIM 应用的指导思想、BIM 应用需求分析、BIM 应用目标、BIM 应用实施内容、BIM 应用保障措施和 BIM 技术应用的成效预测等内容。《深圳市建筑工务署 BIM 实施管理标准》则明确了 BIM 组织实施的管理模式、管理流程，各参与方协同方式，以及各自职责要求、成果交付标准等，为工程项目建设全过程、全专业和所有参与方提供了一个 BIM 项目实施标准框架与实施标准流程，并为 BIM 项目实施过程提供指导。

二、BIM 技术推广格局分析

广东省作为沿海发达地区，拥有优越的地理环境，靠近香港、澳门两个特别行政区，在 BIM 技术的推广应用上走在全国前列。尤其是深圳、广州作为具有代表性的两个城市，不仅在 BIM 技术理论上深入研究，学术上频繁交流，而且有着丰富的实践经验，在推广 BIM 技术上拥有良好的行业基础。

为联合企业、高校等各大机构，推进广东省 BIM 技术研发和产业化发展，加快提升广东 BIM 产业的创新能力和核心竞争力，在广东省住房和城乡建设厅的指导下，2015 年广东省建筑科学研究院集团股份有限公司和广东省建筑设计研究院牵头成立了"广东省 BIM 技术联盟"，担负起引领广东省建筑信息化技术革命的重任。目前，联盟发起单位包含企业 8 家、高校 7 家、行业协会 1 家、中介机构 1 家、金融机构 1 家、事业单位 4 家。

近年来，随着 BIM 应用的深入推进，广东省从早期建筑设计企业较先采用 BIM 技术到现在施工企业似乎已迎头赶上并有逐渐超越之势。同时随着时间的推移，从最开始大型设计和施工企业采用 BIM 技术发展到现在小型企业也随着效仿，BIM 的实施得到了较快发展。

广东省参与 BIM 应用的建设单位主要以房地产开发公司以及地方政府牵头的基建项目组成的代建单位为主。从事 BIM 研究的设计院主要是国有企业成分的设计院、民营设计院以及外资设计院。国有企业成分的设计单位设计能力较强，人才储备雄厚；实力较好的民营设计院主要集中在广州、深圳两地，吸收先进经验的能力较强。发达国家较早开展BIM研究，外资设计院本身就有良好的BIM基因，BIM基础力量较为坚实。从事BIM研究的施工单位主要是国有企业成分建筑工程公司，分布于每个地级市下属的建筑工程公司，以珠三角地区为主。目前来看，一二线城市的施工单位在BIM项目施工上拥有更丰富的经验，同时这类施工企业的员工也拥有相对较好的BIM培训资源。

BIM咨询市场在BIM产业链中较为活跃，同时其所从事BIM咨询的企业数量在整个BIM产业中占比较大，服务对象主要为建设单位、施工单位。目前，广东市场上的BIM咨询企业主要有以下几种业务模式：软件开发企业依托软件研发业务提供咨询服务；设计院、工程咨询企业、施工企业通过自身项目经验，向有需要的单位纵向（如规划阶段、设计阶段、施工阶段、运维阶段等）及横向（如对项目的质量、进度、安全、成本等）BIM咨询业务；从事BIM的中小企业常兼有培训业务，主要向有需要的企业提供合适的BIM培训。

BIM软件企业是BIM产业中的核心大军，很多本土BIM软件企业结合国内软件应用环境和实际情况，研发出了符合中国市场的BIM产品。但因软件研发需要大量的资金和人力投入，广东省内的BIM软件企业比较少，软件应用上主要以外资的欧特克及国内广联达、鲁班为主。

第二节　广东省建筑信息模型市场推广应用前景

实现建筑产业的现代化是广东省规划中的发展方向。因此，广东省将加快BIM应用的步伐，通过技术升级释放传统建筑行业的生产力，转变建筑业发展方式，构建现代建筑业产业发展新体系。目前，广东省省内正在大力推广装配式建筑，BIM技术的应用将迎来更广阔的舞台。

2016年7月，广东省城市工作会议指出，要发展新型建造方式，大力推广装配式建筑，到2025年，使装配式建筑占新建建筑的比例达到30%。广东省住房和城乡建设厅于2016年4月印发《广东省住房城乡建设系统2016年工程质量治理两年行动工作方案》，大力推广装配式建筑，积极稳妥推广钢结构建筑。同时，启动装配式、钢结构建筑工程建设计价定额的研究编制工作。

2016年6月深圳市住房和城乡建设局发布了《关于加快推进装配式建筑的通知》和《EPC工程总承包招标工作指导规则》。对于经过认定符合条件的示范项目、研发中心、重点实验室和公共技术平台给予资助，单项资助额最高不超过200万元。

未来的行业发展趋势在于建筑产品更加绿色、智能和宜居，建筑过程更加绿色、智能、精益、集约，生成方式向建筑行业现代化转变，信息技术成为推动行业发展、提高企业核心竞争力的有效手段。而BIM技术将在其中扮演着重要的角色，从BIM开始在广东推广至今，省政府以及市政府等不断出台BIM标准规范行业的发展，企业的信息化水平也不断提高，未来的建筑发展极其需要信息技术的推动，BIM技术迎来了一个黄金时代。

第二章　广州市建筑信息模型推广应用分析

第一节　广州市建筑信息模型市场发展与应用状况

广州市是广东省省内的建筑大区，建筑业发展现代化已经成为行业发展的硬性目标，区内建筑业的技术转型对于省内具有重要的示范作用。目前，广州市政府正大力发展建筑信息模型（BIM）技术，加强物联网技术在建筑节能监管中的应用，以信息化推进建筑节能与环保、绿色建筑和绿色施工。

一、BIM技术的政策支持

为加快推进广州市BIM技术的应用，2017年1月广州市住房和城乡建设委员会联合市有关部门研究制定了《关于加快推进我市建筑信息模型（BIM）应用的意见》（以下简称《意见》），指出到2020年，形成完善的建设工程BIM应用配套政策和技术支撑体系。广州市建设行业甲级勘察设计单位以及特、一级房屋建筑和市政公用工程施工总承包企业掌握BIM，建立相应技术团队并实现与企业管理系统和其他信息技术的一体化集成应用。到2020年，广州市政府投资和国有资金投资为主的大型房屋建筑和市政基础设施项目在勘察设计、施工和运营维护中普遍应用BIM。同时，《意见》还提出了5项重点任务，包括开展示范工程建设，推动行业普及应用；完善配套制度，加大政策保障力度；鼓励科技研发，健全技术支撑体系；加强能力建设，提高企业信息化水平；拓展应用范围，促进产业融合发展。此外，还提出了加强统筹协调、加强交流协作、加强宣传培训等3项保障措施。

为加快广州市装配式建筑发展，推进建筑产业现代化，促进建筑业转型升级，2017年9月广州市人民政府办公厅秘书处印发了《广州市人民政府办公厅关于大力发展装配式建筑加快推进建筑产业现代化的实施意见》（以下简称《实施意见》），指出广州市装配式建筑发展目标：到2020年，实现装配式建筑占新建建筑的面积比例不低于30%；到2025年，实现装配式建筑占新建建筑的面积比例不低于50%。新立项的人才住房、保障性住房等政府投资的大中型建筑工程全面实施装配式建筑。以招拍挂方式出让用地的建设项目按比例实施装配式建筑。综合管廊、轨道交通、桥梁隧道等市政基础设施工程推广装配式建造方式。《实施意见》还提出了开展示范工程建设、全面推广装配式建筑、健全技术支撑体系、创新装配式建筑设计、促进部品部件生产应用、提升装配施工水平、推进建筑全装修、推广绿色建材、推行工程总承包模式和加强工程质量安全管理等10项重点任务和强化规划引领、落实用地保障、加强立项管理、加强财政支持、加大科技扶持、保障运输通畅等7项扶持政策。此外，还提出了加强组织领导、优化监管服务、开展监督考核、强化队伍建设和做好宣传引导等5项保障措施。

2018年2月，广州市住房和城乡建设委员会发布《关于征求〈广州市民用建筑信息模型（BIM）设计技术规范〉（征求意见稿）意见的通知》，此技术规范的出台将对BIM技术的规范性发展具有重大的指导意义。

二、BIM技术推广应用水平分析

随着科学技术的不断进步、建筑行业的不断发展，BIM技术的使用情况正处于蓬勃发展的景象。广州市政府希望以加强BIM建筑工程项目的各项相关信息数据作为模型基础，通过数字信息仿真模拟建筑物所具有的真实信息，提升全市建筑设计、施工、管理的新信息化水平，将BIM与项目管理系统一，并加以推行，以节省费用，强化效率。

广州市是广东省大型房地产开发商的主要聚集地，云集了恒大、富力地产、越秀地产、保利地产等大型房地产商，在广州市BIM加速普及应用的阶段，房地厂商特别是大型房地产商将成为广州市BIM应用的主力军。

广州市目前是广东省BIM技术研究的核心地区，拥有许多实力强大的国字号建筑工程企业，如广东省建筑工程集团有限公司、广州地铁集团、广东省建筑科学研究院集团股份有限公司、广州市建筑集团有限公司等，这些大型建筑工程企业旗下的各机构拥有省内BIM技术研究与应用的数一数二的人才储备存量，在BIM技术的实践应用上经验丰富。同时，广州市还是省内BIM技术人才培养制度最为完善的地区，市内拥有华南理工大学、中山大学、广东工业大学、暨南大学、广州大学等高校，在人才输出上领先全省。此外，广州市还运营着许多优秀的国有企业旗下的设计院和民营建筑工程设计院，经营BIM设计等业务。综合来看，广州市BIM技术推广应用水平，在全省处于前列。

目前，广州市正探索"互联网+"的管理方式，开展BIM示范项目推广，提高建筑信息化水平，推进政府投资建设工程造价大数据统计与分析平台建设，推动勘察设计招投标改革。

第二节　广州市建筑信息模型市场推广应用前景

随着信息技术的发展，数字化建造技术正以前所未有之势给建筑行业带来巨大的转变。BIM技术的快速发展已经超越了很多人的预期，BIM技术的应用将成为推动建筑业发展的强大动力。

装配式建筑核心是"集成"，BIM则是"集成"的主线，串联设计、施工、装修和管理全过程，服务于设计、建设、运维、拆除全生命期。BIM技术为装配式建筑的发展提供了机遇，装配式建筑又为BIM技术的落地提供了新的方向和平台。

围绕《广州市人民政府办公厅关于大力发展装配式建筑加快推进建筑产业现代化的实施意见》发展目标，广州市将加强政府示范引导，在政府投资项目中全面实施装配式建筑，重点鼓励市政道桥、综合管廊、轨道交通等工程实施装配式建造，带动社会投资建设项目积极发展装配式建筑。强化队伍建设，大力培养装配式建筑设计、生产、施工、管理等专业人才，推动装配式建筑企业开展校企合作，创新人才培养模式。推进建筑产业工人队伍建设，加大职业技能培训资金投入，建立培训基地，加强岗位技能提升培训，促进建筑业农民工向建筑产业工人转型。推动建筑业提质增效、促进建筑产业转型升级。

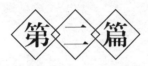

第二篇

广州市建筑工程BIM建模与交付标准

第三章　总则

（1）为提高建筑工程建筑信息模型在全生命期过程中的兼容性和可传递性，促进广州市建筑工程信息模型技术的应用和推广，特制定本标准。

（2）本标准适用于建筑工程全生命期内的建筑信息模型建立和交付管理。

（3）建筑工程信息模型的建立和交付，除应遵守本标准外，尚应遵守国家、行业、广东省和广州市现行有关标准的规定。

第四章　术语

1．全生命期（Building Life Cycle）

建筑物从计划建设到使用过程终止所经历的全部阶段的总称，包括策划、规划、立项、设计、建造、施工、运营、维护和拆除等环节。

2．建筑信息模型元素（BIM Element）

建筑信息模型的基本组成单元。简称模型元素。

3．构件（Components）

构成模型的基本对象或组件。

4．几何信息（Geometric Information）

模型元素尺寸、定位以及相互关系的信息。

5．非几何信息（Non-Geometric Information）

除几何信息以外的所有信息。

6．交付物（Deliverables）

模型责任方提交给使用方的信息模型及文档等数据。

第五章 一般规定

（1）建筑工程信息模型应能反映建筑真实构建状况，模型细度应符合接收方的要求。

（2）针对同一项目的建筑工程信息模型的交付，应采用统一通用的数据格式。

为保证建筑工程信息模型在项目交付和信息传递中，保持数据的易用性和可读性，应采用基于同一编码体系的数据格式。

（3）建筑工程信息模型宜服务于项目全生命期，且命名应保持前后一致。

（4）模型交付应说明创建模型所用软件名称及版本、运行所需的软硬件环境。

（5）模型宜根据工程行政审查和商业合同规定进行交付。

模型交付至接收方之前，应先由提供方对模型数据及其生成的互用数据进行内部审核验收。模型经提供方及接收方共同验收合格并办理移交手续后方可进行移交。

（6）项目建立模型前应根据项目特点与项目需求制定项目建模标准或规定。

第六章　建模规则

第一节　基本规定

（1）项目中所有模型应统一单位与度量制。

（2）各专业应统一项目的坐标、方向、轴网及标高设置。

（3）文件命名规则：

1）文件命名以简短、明了描述文件内容为原则。

2）宜用中文、英文、数字等计算机操作系统允许的字符。

3）不使用空格。

4）宜使用字母大小写的方式或下划线"_"分隔单词。

（4）各专业BIM模型宜根据项目规模、分区、楼层、专业系统等因素进行拆分。为了使模型文件的大小控制在合理的范围内，保证运行速度，在项目前期的组织中应对模型进行拆分。不同的项目，模型拆分的原则也是不一样的，一般根据项目的大小和特点，各个建筑的单体、专业、区域或楼层等因素进行拆分，各专业还可以根据本专业的子项系统进行拆分。

第二节　土建模型建模规则

（1）应保证BIM模型的完整性，能准确体现出设计意图。

（2）构件位置、标高、所属楼层和几何信息、参数正确，应与图纸相符。

（3）从施工图设计阶段开始，应按施工图准确设置构件材质。除特殊说明外，结构构件包括混凝土构件和钢结构构件。混凝土结构构件宜区分混凝土强度等级，钢结构构件宜区分钢材屈服强度。

（4）竖向构件（墙、柱等）宜按楼层划分。除整体幕墙、钢结构外不宜出现跨越多个楼层的构件。

（5）构件标高设置应注意结构标高与建筑标高的区别。在建筑方案稳定的情况下，模型文件里的标高设置宜按建筑标高设置，结构的梁板柱标高设置宜按施工图纸中建筑和结构标高相应高差设置相应偏移值。

（6）结构构件如有预留孔洞，模型中应有反映；楼板开洞应按结构施工图设置。

（7）模型宜根据结构构件与建筑做法要求分开建立。结构楼板与填充层、面层等楼板建筑做法宜分开建模，墙体与填充层、面层等墙体建筑做法宜分开建模。

（8）应按图纸要求准确表达楼板与墙体之间的关系。

（9）宜按建筑施工图设置房间并命名。

（10）结构梁宜按柱、节点拆分，板宜按梁拆分。施工准备阶段结构构件宜按施工区段拆分。

第三节　机电模型建模规则

（1）机电管线BIM模型应完整、连接正确。

（2）机电管线类型、系统命名应与施工图一致。

（3）机电管线应按施工图正确设置材质。

（4）施工图中的各类阀门应在BIM模型中正确反映。

（5）有坡度的管道应正确设置坡度。

（6）有保温层的管道应正确设置保温层。

（7）机械设备模型应反映实际尺寸与形状。

（8）施工阶段BIM模型中，机电管线支吊架宜建模。

（9）管线排布应考虑安装空间、运行操作空间和检修空间。

（10）绘制机电三维模型时，为明显区分各机电系统类型，满足后期管线综合的出图要求，应确定各专业系统配置的图例颜色。

第四节　其他模型建模规则

精装修、幕墙、钢结构、小市政、园林景观等其他模型应根据项目需求、项目特点或项目标准建立。

第七章　模型交付格式

第一节　原始文件格式

（1）基于BIM交付的模型，按照不同的类型、交付目的、交付对象及后续用途，应规定其适合的数据格式，并在保证数据完整、一致、关联、通用、可重用、轻量化等方面寻求合理的方式。

（2）对于项目交付审查、存档的BIM模型，应保持与工程行政审查和商业合同要求相同的交付格式。

（3）为保证数据的完整性，应保持原有的数据格式，尽量避免数据转换造成的数据损失，可采用BIM建模软件的原有数据格式。

（4）对于企业内部要求提交的模型资源的交付格式，应考虑模型的可重复使用价值，提交BIM建模软件的专有数据格式、企业主流BIM软件专有数据格式以及可供浏览查询的通用轻量化数据格式。

第二节　其他文件格式

（1）基于BIM模型所产生的其他各应用类型的交付物一般都是最终的交付成果，强调数据格式的通用性，这类交付成果应提供标准的数据格式（如PDF、DWF、AVI、WMV、FLV等）。

（2）对于BIM应用过程中记录的2D图纸资料技术问题等的相关日志文件、工作汇报、成果记录等资料应采用文档格式。

（3）按BIM交付物内容区分，交付数据格式包括：BIM设计模型及其导出报告文件格式、BIM协调模型及其模拟协调报告文件格式、BIM浏览模型格式、BIM分析模型及其报告文件格式、BIM导出传统二维视图数据格式、BIM打印输出文件格式等。

（4）运维模型的交付格式应根据运维软件的需要，由交付双方协商确定。未指定运维软件时，运维模型应提供可编辑的格式，满足具体功能的软件平台，并保持信息的完整性。

（5）为保证不同BIM建模软件文件格式相互转换，可将模型转换成IFC标准输出文件。模型文件转换成接收方可读取的文件格式后，提供方应辅助其进行模型文件完整性审查及修复。IFC（Industry Foundation Classes）标准是IAI（International Alliance of Interoperability）组织制定的公开建筑工程数据交换标准数据，面向建筑工程领域，主要是工业与民用建筑。

第八章 各阶段交付标准

第一节 规划（总平面规划）阶段交付标准

（1）规划（总平面规划）阶段，最终交付的模型成果中的建筑专业模型元素应满足如表8-1所示的要求。

规划（总平面规划）阶段建筑专业交付模型元素及信息要求 表8-1

序号	模型元素类型	模型元素	几何信息	非几何信息
1	地形	场地地形	高程、位置布局	地质
2	场地周边	临近区域的既有建筑物（宜以体量化图元表示，建模几何精度宜为10m）、周边道路、桥梁、隧道等交通设施	高程、尺寸（或轮廓）、定位	周边建筑物设计参数、交通设施性能参数等
3	用地范围	用地范围	面积、坐标、样式	用地编号、用地类型、竖向空间位置等
4	场地布置	道路、广场、绿地、水域	面积、位置布局、样式	类型、材质、竖向空间位置等
5	场地建筑	建筑物、构筑物（宜以体量化图元表示，建模几何精度宜为3m）	尺寸（或轮廓）、定位、标高	建筑物设计参数（如高度、面积等）
6	配套设施	建筑物、构筑物（宜以体量化图元表示，建模几何精度宜为3m）	尺寸（或轮廓）、定位、标高	建筑设计参数、类型、配套设施参数等
7	园林景观	植被、构筑物	尺寸（或轮廓）、定位、标高	植被品种、构筑物参数等

注：表中的模型元素及信息可根据项目实际需求进行增减。

（2）规划（总平面规划）阶段的非模型类交付内容宜包括各种分析报告、说明书等。

各种分析报告是指项目可行性分析报告、模拟分析报告（日照、通风、能耗、声学、碳排放等进行模拟分析环境影响等方面的模拟分析报告）等。说明书应包含模型系统简介、项目分区、模型查阅与修改方法等。

第二节 方案设计阶段交付标准

（1）方案设计阶段，最终交付的模型成果中的建筑专业模型元素应满足如表8-2所示的要求。

方案设计阶段建筑专业交付模型元素及信息要求　　　　表8-2

序号	模型元素类型	模型元素	几何信息	非几何信息
1	场地周边	临近区域的既有建筑物、周边道路等	尺寸（或轮廓）、定位	周边建筑物设计参数、道路性能参数等
2	建筑部品	内外墙、柱、门窗、卫浴洁具、幕墙、楼梯、坡道、栏杆扶手、室内设施	尺寸、定位	规格、材质
3	幕墙系统	嵌板体系	尺寸、定位	幕墙规格、材料；内嵌的门窗等非几何信息
4	垂直交通设备	电梯、扶梯及附件	尺寸、定位	特定使用功能（消防、无障碍、客货用）
5	空间或房间	空间或房间	尺寸、定位、面积	功能分区；空间或房间宜标注为建筑面积

注：表中的模型元素及信息可根据项目实际需求进行增减。

（2）方案设计阶段的非模型类交付内容宜包括各种分析报告、建筑形体展示文件等。

各种分析报告是指宏观交通区位分析报告、土方分析报告、地表径流分析报告、室外风环境分析报告、日照分析报告、太阳能资源分析报告、室内采光分析报告、室内通风分析报告等。展示文件主要指建筑方案比选文件、其他专业参与方案建议文件。

第三节 初步设计阶段交付标准

（1）初步设计阶段，最终交付的模型成果中的建筑专业模型元素应满足如表8-3所示的要求。

初步设计阶段建筑专业交付模型元素及信息要求　　　　表8-3

序号	模型元素类型	模型元素	几何信息	非几何信息
1	场地布置	现场场地、基坑围护等	尺寸（或轮廓）、定位	材料信息
2	场地周边	临近区域的既有建筑物、周边道路等	尺寸（或轮廓）、定位	周边建筑物设计参数、道路性能参数等
3	建筑部品	内外墙、柱、门窗、卫浴洁具、楼梯、坡道、栏杆扶手、室内设施	尺寸、定位	规格、材质

续表

序号	模型元素类型	模型元素	几何信息	非几何信息
4	建筑结构	楼地面、屋顶	形状、范围、标高、厚度等	材质
5	幕墙系统	支撑体系、嵌板体系	尺寸、定位	材质、颜色、构造等
6	垂直交通设备	电梯、扶梯及附件	尺寸、定位	生产商提供的成品信息模型、梯速、扶梯角度、特定使用功能（消防、无障碍、客货用）、联控方式
7	空间或房间	空间或房间	尺寸、定位、面积	功能分区；空间或房间宜标注为建筑面积，当确需标注为使用面积时，应在类型属性中标明使用面积

（2）初步设计阶段，最终交付的模型成果中的结构专业模型元素应满足如表8-4所示的要求。

初步设计阶段结构专业交付模型元素及信息要求　　　　表8-4

序号	模型元素类型	模型元素	几何信息	非几何信息
1	主体结构	基础、梁、板、柱、墙、屋面、楼梯、坡道等	尺寸、定位	类型、材料等信息
2	二次结构	止水反梁、女儿墙、填充墙、隔墙等	尺寸、定位	类型、材料等信息

（3）初步设计阶段，最终交付的模型成果中的机电专业模型元素应满足如表8-5 ~ 表8-7所示的要求。

初步设计阶段给水排水专业交付模型元素及信息要求　　　　表8-5

序号	模型元素类型	模型元素	几何信息	非几何信息
1	管道	给水、排水、中水、消防、喷淋等各系统干管管道及其管件	管径、壁厚、平面定位、标高	系统、类型、材料
2	水泵与储水设备	水泵、储水装置、压力容器、过滤设备、污水池等	几何尺寸、平面定位、标高	规格、技术参数，与管道相连接的设备应赋予系统信息
3	消防设备	消火栓	几何尺寸、平面定位、标高	类型、规格、技术参数
4	排水部件	雨水斗	几何尺寸、平面定位	类型、规格

初步设计阶段暖通空调专业交付模型元素及信息要求 表 8-6

序号	模型元素类型	模型元素	几何信息	非几何信息
1	风管	各系统风管干管	几何尺寸、空间定位、标高	系统、类型、材料
2	水管	空调水管干管及其管件、管道附件	管径、壁厚、平面定位、标高	系统、类型、材料
3	设备	冷热源设备（如冷水机组、冷却塔、蒸发冷气机、锅炉、热泵等）；空调设备（空调机组、风机盘管）；通风设备（通风机、净化设备）	几何尺寸、平面定位、标高	规格、技术参数、与风管、管道相连接的设备应赋予系统信息

初步设计阶段电气专业交付模型元素及信息要求 表 8-7

序号	模型元素类型	模型元素	几何信息	非几何信息
1	输配电器材	封闭母线、电缆桥架或线槽的主要干线	截面尺寸、平面定位、标高	类型、材料、敷设方式，母线应包含规格信息
2	设备	配电成套柜、配电箱、控制箱、变压器及配电元器件、发电机、自动报警系统机柜、弱电系统机柜、监控系统及辅助装置	几何尺寸、平面定位、标高	规格、技术参数、回路信息

注：如表 8-3 ~ 表 8-7 所示中的模型元素及信息可根据项目实际需求进行增减。在初步设计阶段，结构楼板由结构专业完成，地面（结构楼板面层）部分由建筑专业完成。给水排水、暖通空调、电气等设备专业如需在填充墙体预留洞口或预埋套管，由该专业向建筑专业提出设计条件，并反映在建筑专业模型中，如需在结构构件中预留洞口或预埋套管，则由该专业向结构专业提出设计条件，并反映在结构专业模型中。对于楼梯与坡道，建筑和结构专业的分工不同，因此建筑和结构专业模型细度表都包含楼梯与坡道两类模型元素。

（4）初步设计阶段的非模型类交付内容宜包括各种文件、CAD、PDF 电子版图纸或纸质版图纸等。

文件主要指结构专业设计方案文件、机电专业设计方案文件、造价分析报告。CAD、PDF 电子版图纸或纸质版图纸是指通过 BIM 三维出图的各专业图纸。

第四节　施工图设计阶段交付标准

（1）施工图设计阶段，最终交付的模型成果中的建筑专业模型元素应满足如表 8-8 所示的要求。

施工图设计阶段建筑专业交付模型元素及信息要求 表 8-8

序号	模型元素类型	模型元素	几何信息	非几何信息
1	场地布置	现场场地、道路、基坑围护等	尺寸（或轮廓）、定位	材料信息
2	场地周边	临近区域的既有建筑物、周边道路等	尺寸（或轮廓）、定位	周边建筑物设计参数、道路性能参数等

序号	模型元素类型	模型元素	几何信息	非几何信息
3	建筑部品	内外墙、柱、门窗、卫浴洁具、楼梯、坡道、栏杆扶手、室内设施	尺寸、定位	材质、构造、功能、颜色、编号（门窗、楼梯）、类型等
4	建筑结构	楼地面、屋顶	尺寸、范围、标高	材质、构造样式
5	预埋构件	预留孔洞、套管	尺寸、定位	功能用途、材质
6	幕墙系统	支撑体系、嵌板体系	尺寸、定位	材质、编号、类型、构造、与主体结构之间的支撑关系等
7	垂直交通设备	电梯、扶梯及附件	尺寸、定位	生产商提供的成品信息模型、梯速、扶梯角度、特定使用功能（消防、无障碍、客货用）、联控方式
8	空间或房间	空间或房间	尺寸、定位、面积	功能分区；空间或房间宜标注为建筑面积，当确需标注为使用面积时，应在类型属性中标明使用面积

（2）施工图设计阶段，最终交付的模型成果中的结构专业模型元素应满足如表8-9所示的要求。

施工图设计阶段结构专业交付模型元素及信息要求　　　　表8-9

序号	模型元素类型	模型元素	几何信息	非几何信息
1	主体结构	基础、梁、板、柱、墙、屋面、楼梯、坡道等	尺寸、定位	材质、构造、功能、编号（楼梯、坡道）、类型等
2	二次结构	构造柱、过梁、止水反梁、女儿墙、填充墙、隔墙等	尺寸、定位	材质、构造、功能、类型等
3	预制构件	梁、板、柱、墙、楼梯等非主体受力预制构件	尺寸、定位	材质、构造、功能、类型等
4	预埋构件	预埋件、预埋管、预埋螺栓、预留孔洞、套管	尺寸、定位	功能用途、材料、构造样式
5	节点	构成节点的钢筋、混凝土，以及型钢、预埋件等	尺寸、定位、排布	编号、材料、必要的钢筋信息（等级、规格等）、型钢信息、节点区预埋信息、节点连接信息等

（3）施工图设计阶段，最终交付的模型成果中的机电专业模型元素应满足如表8-10～表8-12所示的要求。

施工图设计阶段给水排水专业交付模型元素及信息要求　　　　表8-10

序号	模型元素类型	模型元素	几何信息	非几何信息
1	管道	所有给水排水管道及其管件、管道附件	管径、壁厚、平面定位、标高	系统、类型、材料、敷设方式、立管编号

续表

序号	模型元素类型	模型元素	几何信息	非几何信息
2	控制与计量设备	阀门、水表、流量计、温度计、压力表等	几何尺寸、平面定位、标高	类型、规格、技术参数
3	水泵与储水设备	水泵、储水装置、压力容器、过滤设备、污水池等设备模型及大型设备的基础	几何尺寸、平面定位、标高	规格、技术参数，与管道相连接的设备应赋予系统信息，大型设备基础荷载
4	消防设备	消火栓、喷头、灭火器	几何尺寸、平面定位、标高	类型、规格、技术参数
5	排水部件	地漏、清扫口	几何尺寸、平面定位	规格

施工图设计阶段暖通空调专业交付模型元素及信息要求　　　　　　表 8-11

序号	模型元素类型	模型元素	几何信息	非几何信息
1	风管	各系统所有风管及其风管管件、风管附件、保温层	几何尺寸、空间定位、标高	系统、类型、材料、敷设方式、立管编号
2	水管	所有空调水管及其管件、管道附件、保温层	管径、壁厚、平面定位、标高	系统、类型、材料、敷设方式、立管编号
3	阀门、末端及其他部件	阀门、通风口（如散流器、百叶风口、排烟口等）消声器、减振器、隔振器、阻尼器等部件	几何尺寸、平面定位、标高	规格、技术参数、末端编号
4	设备	冷热源设备（如冷水机组、冷却塔、蒸发式冷气机、锅炉、热泵等）；空调设备（空调机组、风机盘管）；通风设备（通风机、净化设备）；补水装置（膨胀水箱或定压补水装置）、水泵，大型设备应补充设备基础	几何尺寸、平面定位、标高	规格、技术参数、编号，大型设备基础荷载

施工图设计阶段电气专业交付模型元素及信息要求　　　　　　表 8-12

序号	模型元素类型	模型元素	几何信息	非几何信息
1	输配电器材	各系统所有封闭母线、电缆桥架或线槽及其配件	截面尺寸、平面定位、标高	类型、材料、敷设方式，母线应包含规格信息
2	设备	配电成套柜、配电箱、控制箱、变压器及配电元器件、发电机、自动报警系统机柜、弱电系统机柜、监控系统及辅助装置；照明、防雷、消防、安防、通信、自动化、开关插座等设备，大型设备应补充设备基础	几何尺寸、平面定位、标高	规格、技术参数，大型设备基础荷载

　　注：如表 8-8 ~ 表 8-12 所示中的模型元素及信息可根据项目实际需求进行增减。在施工图设计阶段，结构楼板由结构专业完成，地面（结构楼板面层）部分由建筑专业完成。给水排水、暖通空调、电气等设备专业如需在填充墙体预留洞口或预埋套管，由该专业向建筑专业提出设计条件，并反映在建筑专业模型中，如需在结构构件中预留洞口或预埋套管，则由该专业向结构专业提出设计条件，并反映在结构专业模型中。对于楼梯与坡道，建筑和结构专业的分工不同，因此建筑和结构专业模型细度表都包含楼梯与坡道两类模型元素。

（4）施工图设计阶段的非模型类交付内容宜包括各专业协调会审文件、碰撞检测报告、CAD、PDF电子版图纸或纸质版图纸等。

会审文件包括结构、机电专业模型变化导致的建筑专业模型的变化会审文件、造价分析报告文件、详细工程量统计报告文件等。碰撞检测报告是指基于BIM专业模型、BIM浏览模型进行全专业或多专业间的碰撞检查、管线综合报告，以及相关的设计问题解决方案等报告文件。CAD、PDF电子版图纸或纸质版图纸是指通过BIM三维出图的各专业图纸。

第五节　施工准备阶段交付标准

（1）施工准备阶段包括深化设计阶段及施工组织阶段。

（2）施工准备阶段，最终交付的模型成果中的土建专业模型元素应满足如表8-13所示的要求。

施工准备阶段土建专业交付模型元素及信息要求　　　　　表8-13

序号	模型元素类型	模型元素	几何信息	非几何信息
1	场地布置	现场场地、临时设施、施工机械、道路、基坑围护等	尺寸（或轮廓）、定位	材料信息、机械设备参数、施工单位、运行维护信息
2	场地周边	临近区域的既有建筑物、周边道路等	尺寸（或轮廓）、定位	周边建筑物设计参数、道路性能参数等
3	主体结构	基础、梁、板、柱、墙、屋面、楼梯、坡道等	尺寸、定位	类型、材料等信息
4	二次结构	构造柱、过梁、止水反梁、女儿墙、压顶、填充墙、隔墙等	尺寸、定位	类型、材料等信息
5	预制构件	梁、板、柱、墙、楼梯等预制件	尺寸、定位	类型、材料等信息
6	预埋构件	预埋件、预埋管、预埋螺栓等，以及预留孔洞	尺寸、定位	类型、材料等信息
7	节点	构成节点的钢筋、混凝土，以及型钢、预埋件等	尺寸、定位、排布	节点编号、材料信息、钢筋信息（等级、规格等）、型钢信息、节点区预埋信息、节点连接信息等
8	门窗	门窗	尺寸、定位	类型、材质信息、物理性能、防火等级等
9	幕墙系统	支撑体系、嵌板体系、安装构件	尺寸、定位，幕墙系统应按最大轮廓建模为单一幕墙，不应在标高、房间分隔等处断开	施工工艺、编号信息、规格、材质信息、物理性能等

序号	模型元素类型	模型元素	几何信息	非几何信息
10	垂直交通设备	电梯、扶梯及附件	尺寸、定位	生产商提供的成品信息模型、梯速、扶梯角度、电梯交箱规格、特定使用功能（消防、无障碍、客货用）、联控方式、设备安装方式
11	空间或房间	空间或房间	尺寸、定位、面积	功能分区；空间或房间宜标注为建筑面积，当确需标注为使用面积时，应在类型属性中标明使用面积

（3）施工准备阶段，最终交付的模型成果中的机电专业模型元素应满足如表8-14 ～表8-16所示的要求。

施工准备阶段给水排水专业交付模型元素及信息要求　　　　　表8-14

序号	模型元素类型	模型元素	几何信息	非几何信息
1	管道	所有给水排水水管及其管件、管道附件、保温层	管径、壁厚、保温材料厚度、平面定位、标高	系统、类型、材料、敷设方式、立管编号、安装信息
2	控制与计量设备	阀门、水表、流量计、温度计、压力表等	几何尺寸、平面定位、标高	类型、规格、技术参数、安装信息
3	水泵与储水设备	水泵、储水装置、压力容器、过滤设备、污水池等及大型设备基础	几何尺寸、平面定位、标高、配套管件及阀件的空间定位信息	类型、规格、技术参数、安装信息、大型设备基础荷载
4	消防设备	消火栓、喷头、灭火器等	几何尺寸、平面定位、标高、配套管件及阀件的空间定位信息	类型、规格、技术参数、安装信息
5	排水部件	地漏、清扫口	几何尺寸、平面定位、标高	规格、安装信息
6	管道安装	管道支架和吊架	几何尺寸、平面定位、标高	类型（如型钢类型、管夹类型等）、材料、安装信息

施工准备阶段暖通空调专业交付模型元素及信息要求　　　　　表8-15

序号	模型元素类型	模型元素	几何信息	非几何信息
1	风管	各系统所有风管及其风管管件、风管附件、保温层	截面尺寸、平面定位、标高、安装间距、预留孔洞位置和尺寸	系统、类型、材料、敷设方式、立管编号、安装信息
2	水管	所有空调水管及其管件、管道附件、保温层	管径、壁厚、平面定位、标高、安装间距、预留孔洞位置和尺寸	系统、类型、材料、敷设方式、立管编号、安装信息

序号	模型元素类型	模型元素	几何信息	非几何信息
3	阀门、末端及其他部件	阀门、风口（如散流器、百叶风口、排烟口等）、消声器、减振器、隔振器、阻尼器等部件	几何尺寸、平面定位、标高	规格、技术参数、末端编号、安装信息
4	设备	冷热源设备（如冷水机组、冷却塔、蒸发式冷气机、锅炉、热泵等）；空调设备（空调机组、风机盘管）；通风设备（通风机、净化设备）；补水装置（膨胀水箱或定压补水装置）、水泵，大型设备应补充设备基础	几何尺寸、平面定位、标高、配套管件及阀件的空间定位信息	规格、技术参数、编号、安装信息、大型设备基础荷载
5	管道安装	管道支架和吊架	几何尺寸、平面定位、标高	类型（如型钢类型、管夹类型等）、材料、安装信息

施工准备阶段电气专业交付模型元素及信息要求　　　　　　表 8-16

序号	模型元素类型	模型元素	几何信息	非几何信息
1	输配电器材	各系统所有封闭母线、电缆桥架或线槽及其配件	截面尺寸、平面定位、标高	类型、材料、敷设方式、母线应包含规格信息、安装信息
2	照明设备	照明配电箱、照明灯具及其附件、通断开关及插座、照明配电桥架（线槽）等部件	几何尺寸、平面定位、标高	类型、材料、敷设方式、安装方式、技术参数、安装信息
3	弱电系统设备	弱电系统（包括消防自动报警系统、安防系统、通信系统、自动化控制系统）设备及其附件、弱电系统敷设桥架（线槽）等部件	几何尺寸、平面定位、标高	类型、材料、敷设方式、安装方式、技术参数、安装信息
4	供配电设备	配电成套柜、配电箱、变压器及配电元器件、发电机、备用电源、监控系统及辅助装置；大型设备基础	几何尺寸、平面定位、标高	型号、类型、材料、敷设方式、技术参数、安装信息，大型设备基础荷载
5	电缆、桥架等安装	支架和吊架	几何尺寸、平面定位、标高	类型（如型钢类型、管夹类型等）、材料、安装信息

（4）施工准备阶段，最终交付的模型成果中的精装修专业模型元素应满足如表8-17所示的要求。

施工准备阶段精装修专业交付模型元素及信息要求 表 8-17

序号	模型元素	几何信息	非几何信息
1	卫生间（卫生洁具、水池、台、柜）	尺寸、定位	编号、构造及连接方式
2	固定家具（主要为碰撞检测分析）	尺寸、定位	编号
3	吊顶（龙骨、灯具、风口、烟感、喷淋、广播、检修口）	尺寸、定位	编号、构造及连接方式、建造方式
4	隔断	尺寸、定位	编号、构造及连接方式、建造方式
5	地面（示意性拼花、材料）	尺寸、定位	编号、构造及连接方式、建造方式
6	墙面（插座、开关、通信、空调控制器、消防操控按钮、安全出口指示、机电末端）	尺寸、定位	编号、构造及连接方式、建造方式
7	室内标识	尺寸、定位	编号、颜色、建造方式
8	饰面层（内外墙的涂料、面砖等饰面层）	尺寸、定位	编号、构造及连接方式、建造方式

注：如表8-13～表8-17所示的模型元素及信息可根据项目实际需求进行增减。

（5）施工准备阶段的非模型类交付内容宜包括碰撞检测报告、CAD、PDF电子版图纸或纸质版图纸、项目BIM数据库、其他BIM交付物等。

碰撞检测报告是指基于BIM施工准备阶段的模型进行全专业或多专业间的碰撞检查、管线综合报告，以及相关的问题解决方案等报告文件。CAD、PDF电子版图纸或纸质版图纸是指BIM施工准备阶段利用BIM模型深化设计后输出的图纸。BIM数据库是BIM合同约定的交付内容，它包含各种统计表、设备清单及工程量统计等大量数据文件。双方约定的其他交付物包括项目汇报、必要的安装模拟动画、会签记录等文档。

第六节 施工过程阶段交付标准

（1）施工过程阶段，最终交付的模型成果中的土建专业模型元素应满足如表8-18所示的要求。

施工过程阶段土建专业交付模型元素及信息要求 表 8-18

序号	模型元素类型	模型元素	几何信息	非几何信息
1	场地布置	现场场地、临时设施、施工机械、道路、基坑围护等	尺寸（或轮廓）、定位	材料信息、机械设备参数、施工单位、运行维护信息
2	场地周边	临近区域的既有建筑物、周边道路等	尺寸（或轮廓）、定位	周边建筑物设计参数、道路性能参数等
3	主体结构	基础、梁、板、柱、墙、屋面、楼梯、坡道等	尺寸、定位	材料信息、生产信息、构件属性信息、工艺工序信息、成本信息、质检信息

序号	模型元素类型	模型元素	几何信息	非几何信息
4	二次结构	构造柱、过梁、止水反梁、女儿墙、压顶、填充墙、隔墙等	尺寸、定位	材料信息、工艺工序信息、成本信息
5	预制构件	梁、板、柱、墙、楼梯等预制件	尺寸、定位	材料信息、生产信息、构件属性信息、工艺工序信息、成本信息、质检信息
6	预埋构件	预埋件、预埋管、预埋螺栓等，以及预留孔洞	尺寸、定位	材料信息、生产信息、构件属性信息、成本信息、质检信息
7	节点	构成节点的钢筋、混凝土，以及型钢、预埋件等	尺寸、定位、排布	材料信息、生产信息、构件属性信息、工艺工序信息、成本信息、质检信息
8	门窗	门窗	尺寸、定位	生产信息、成本信息、质量管理信息
9	幕墙系统	支撑体系、嵌板体系、安装构件	几何尺寸、定位，幕墙系统应按最大轮廓建模为单一幕墙，不应在标高、房间分隔等处断开	成本信息、质量管理信息
10	垂直交通设备	电梯、扶梯及附件	尺寸、定位	生产信息、成本信息、质量管理信息
11	空间或房间	空间或房间	尺寸、定位、面积	功能分区；空间或房间宜标注为建筑面积，当确需标注为使用面积时，应在类型属性中标明使用面积

（2）施工过程阶段，最终交付的模型成果中的机电专业模型元素应满足如表8-19 ~ 表8-21所示的要求。

施工过程阶段给水排水专业交付模型元素及信息要求　　　　表8-19

序号	模型元素类型	模型元素	几何信息	非几何信息
1	管道	所有给水排水管道及其管件、管道附件、保温层	管径、壁厚、保温层材料厚度、预留孔洞位置和尺寸、平面定位、标高	系统、类型、材料、敷设方式、立管编号、产品信息、安装信息
2	控制与计量设备	阀门、水表、流量计、温度计、压力表等	几何尺寸、平面定位、标高	类型、规格、技术参数、产品信息、安装信息
3	水泵与储水设备	水泵、储水装置、压力容器、过滤设备、污水池等及大型设备基础	几何尺寸、平面定位、标高、配套管件及阀件的空间定位信息	类型、规格、技术参数、产品信息、安装信息、荷载信息
4	消防设备	消火栓、喷头、灭火器	几何尺寸、平面定位、标高、配套管件及阀件的空间定位信息	类型、规格、技术参数、产品信息、安装信息

续表

序号	模型元素类型	模型元素	几何信息	非几何信息
5	排水部件	地漏、清扫口	几何尺寸、平面定位	规格、产品信息、安装信息
6	管道安装	管道支架和吊架	几何尺寸、平面定位、标高	类型（如型钢类型、管夹类型等）、材料、产品信息、安装信息

施工过程阶段暖通空调专业交付模型元素及信息要求　　　表 8-20

序号	模型元素类型	模型元素	几何信息	非几何信息
1	风管	各系统所有风管及其风管管件、风管附件、保温层	截面尺寸、平面定位、标高、安装间距、保温材料厚度、预留孔洞位置和尺寸	系统、类型、材料、敷设方式、立管编号、产品信息、安装信息
2	水管	所有空调水管及其管件、管道附件、保温层	管径、壁厚、平面定位、标高、安装间距、保温材料厚度、预留孔洞位置和尺寸	系统、类型、材料、敷设方式、立管编号、产品信息、安装信息
3	阀门、末端及其他部件	阀门、通风口（如散流器、百叶风口、排烟口等）、消声器、减振器、隔振器、阻尼器等部件	几何尺寸、平面定位、标高	规格、技术参数、末端编号、产品信息、安装信息
4	设备	冷热源设备（如冷水机组、冷却塔、蒸发式冷气机、锅炉、热泵等）；空调设备（空调机组、风机盘管）；通风设备（通风机、净化设备）；补水装置（膨胀水箱或定压补水装置）、水泵，大型设备应补充设备基础	几何尺寸、平面定位、标高	规格、技术参数、编号、产品信息、安装信息、荷载信息
5	管道安装	管道支架和吊架	几何尺寸、平面定位、标高	类型（如型钢类型、管夹类型等）、材料、产品信息、安装信息

施工过程阶段电气专业交付模型元素及信息要求　　　表 8-21

序号	模型元素类型	模型元素	几何信息	非几何信息
1	输配电器材	各系统所有封闭母线、电缆桥架或线槽及其配件	几何尺寸、平面定位、标高	类型、材料、敷设方式、产品信息、安装信息，母线应包含规格信息
2	照明设备	照明配电箱、照明灯具及其附件、通断开关及插座、照明配电桥架（线槽）等部件	几何尺寸、平面定位、标高	类型、材料、敷设方式、安装方式、技术参数、产品信息、安装信息
3	弱电系统设备	弱电系统（包括消防自动报警系统、安防系统、通信系统、自动化控制系统）设备及其附件、弱电系统敷设桥架（线槽）等部件	几何尺寸、平面定位、标高	类型、材料、敷设方式、安装方式、技术参数、产品信息、安装信息

续表

序号	模型元素类型	模型元素	几何信息	非几何信息
4	供配电设备	配电成套柜、配电箱、变压器及配电元器件、发电机、备用电源、监控系统及辅助装置；大型设备基础	几何尺寸、平面定位、标高	型号、类型、材料、敷设方式、技术参数、产品信息、安装信息、荷载信息
5	电缆、桥架等安装	支架和吊架	几何尺寸、平面定位、标高	类型（如型钢类型、管夹类型等）、材料、产品信息、安装信息

（3）施工过程阶段，最终交付的模型成果中的精装修专业模型元素应满足如表8-22所示的要求。

施工过程阶段精装修专业交付模型元素及信息要求　　　　　表8-22

序号	模型元素	几何信息	非几何信息
1	卫生间（卫生洁具、水池、台、柜）	尺寸、定位	材料信息、生产信息、构件属性信息、成本信息、质量管理信息
2	固定家具（主要为碰撞检测分析）	尺寸、定位	材料信息、生产信息、构件属性信息、成本信息、质量管理信息
3	吊顶（龙骨、灯具、风口、烟感、喷淋、广播、检修口）	尺寸、定位	材料信息、生产信息、构件属性信息、成本信息、质量管理信息
4	隔断	尺寸、定位	材料信息、构件属性信息、成本信息、质量管理信息
5	地面（示意性拼花、材料）	尺寸、定位	材料信息、生产信息、构件属性信息、成本信息、质量管理信息
6	墙面（插座、开关、通信、空调控制器、消防操控按钮、安全出口指示、机电末端）	尺寸、定位	材料信息、生产信息、构件属性信息、成本信息、质量管理信息
7	室内标识	尺寸、定位	材料信息、生产信息、构件属性信息、成本信息、质量管理信息
8	饰面层（内外墙的涂料、面砖等饰面层）	尺寸、定位	材料信息、生产信息、构件属性信息

注：如表8-18～表8-22所示的模型元素及信息可根据项目实际需求进行增减。材料信息包含材质、规格、产品合格证明、生产厂家、进场复验情况等；生产信息包含生产批次、工程量、构件数量、工期、任务划分信息等；构件属性信息包含构件的编码、材质、数量、图纸编号等信息；工序工艺信息包含支模、钢筋、混凝土浇筑、养护、拆模、外观处理等工序信息，数控文件、工序参数等工艺信息；成本信息包含材料价格信息；质检信息包含生产批次质检信息、生产责任人与责任单位信息，具体加工班组人员构成信息等。如表8-19～表8-21所示的给水排水、暖通空调、电气等专业的设备基础，由该专业向结构专业提出设计条件，并反映在结构专业模型中。产品信息宜包括制造商信息、供应商信息、产品价格信息等。

（4）施工过程阶段的非模型类交付内容宜包括碰撞检测报告、CAD、PDF电子版图纸或纸质版图纸、项目级BIM实施标准、项目BIM数据库、其他BIM交付物、特定交付物等。

碰撞检测报告是指基于BIM施工准备模型、BIM浏览模型进行全专业或多专业间的碰撞检查、管线综合报告，以及相关的设计问题解决方案等报告文件。CAD、PDF电子版图纸或纸质版图纸是指施工过程中利用 BIM 模型深化设计后输出的图纸。对达到一定规模的工程项目，宜事先制定项目的 BIM 规范性文件。BIM 数据库是 BIM 合同约定的交付内容，它包含各种统计表、设备清单及工程量统计等大量数据文件。双方约定的其他交付物包括项目 BIM 成果展示册、项目汇报、项目总结、BIM 视频、奖项申报、会签记录等文档。在交付内容中除了用于工程建设的模型、图纸等外，还有特殊用途的交付物，例如用于工程建设行政审批管理所需要涉及的交付物，即特定交付物。

第七节　竣工交付阶段交付标准

（1）竣工交付模型应与工程实际状况一致，宜在施工过程模型上附加或关联竣工验收相关信息和资料，形成竣工交付模型。与竣工验收模型关联的竣工验收资料应符合有关现行标准的规定要求。

相关验收资料及信息参照现行的《广东省建筑工程竣工验收技术资料统一用表》的规定，选择需要的信息附加或关联。现行有关标准包括《建筑工程施工质量验收统一标准》GB 50300—2013 和《建筑工程资料管理规程》JGJ/T 185—2009 等。

（2）竣工交付模型宜根据交付对象的要求，在竣工验收模型基础上形成。

（3）竣工交付阶段，最终交付的模型成果中的土建专业模型元素应满足如表 8-23 所示的要求。

竣工交付阶段土建专业交付模型元素及信息要求　　　　　　　　表 8-23

序号	模型元素类型	模型元素	几何信息	非几何信息
1	主体结构	基础、梁、板、柱、墙、屋面、楼梯、坡道等	尺寸、定位	材料信息、生产信息、构件属性信息、成本信息、质检信息
2	二次结构	构造柱、过梁、止水反梁、女儿墙、压顶、填充墙、隔墙等	尺寸、定位	材料信息、成本信息、质检信息
3	预制构件	梁、板、柱、墙、楼梯等预制件	尺寸、定位	材料信息、生产信息、构件属性信息、成本信息、质检信息
4	预埋构件	预埋件、预埋管、预埋螺栓等，以及预留孔洞	尺寸、定位	材料信息、生产信息、构件属性信息、成本信息、质检信息
5	节点	构成节点的钢筋、混凝土，以及型钢、预埋件等	尺寸、定位、排布	材料信息、生产信息、构件属性信息、成本信息、质检信息
6	门窗	门窗	尺寸、定位、形状	规格、型号、材质、防水防火性能、门窗及门窗五金件的厂商信息、安装信息
7	幕墙系统	支撑体系、嵌板体系、安装构件	几何尺寸、定位，幕墙系统应按最大轮廓建模为单一幕墙，不应在标高、房间分隔等处断开	幕墙各构造层信息，包括编号、规格、材料以及防水、防火、保温、隔热等性能；内嵌的门窗等非几何信息；安装信息

序号	模型元素类型	模型元素	几何信息	非几何信息
8	垂直交通设备	电梯、扶梯及附件	尺寸、定位	厂商信息、梯速、扶梯角度、电梯交箱规格、特定使用功能（消防、无障碍、客货用）、联控方式、设备安装方式、安装信息
9	空间或房间	空间或房间	尺寸、定位、面积	功能分区；空间或房间宜标注为建筑面积，当确需标注为使用面积时，应在类型属性中标明使用面积

（4）竣工交付阶段，最终交付的模型成果中的机电专业模型元素应满足如表8-24 ~ 表8-26所示的要求。

竣工交付阶段给水排水专业交付模型元素及信息要求　　　表 8-24

序号	模型元素类型	模型元素	几何信息	非几何信息
1	管道	所有给水排水水管及其管件、管道附件、保温层	管径、壁厚、保温材料厚度、预留孔洞位置和尺寸、平面定位、标高	系统、类型、材料、敷设方式、立管编号、产品信息、安装信息
2	控制与计量设备	阀门、水表、流量计、温度计、压力表等	几何尺寸、平面定位、标高	类型、规格、技术参数、产品信息、安装信息
3	水泵与储水设备	水泵、储水装置、压力容器、过滤设备、污水池等及大型设备基础	几何尺寸、平面定位、标高、配套管件及阀件的空间定位信息	类型、规格、技术参数、产品信息、安装信息、荷载信息
4	消防设备	消火栓、喷头、灭火器	几何尺寸、平面定位、标高、配套管件及阀件的空间定位信息	类型、规格、技术参数、产品信息、安装信息、荷载信息
4	排水部件	地漏、清扫口	几何尺寸、平面定位、标高	规格、产品信息、安装信息
5	管道安装	管道支架和吊架	几何尺寸、平面定位、标高	类型（如型钢类型、管夹类型等）、材料、产品信息、安装信息

竣工交付阶段暖通空调专业交付模型元素及信息要求　　　表 8-25

序号	模型元素类型	模型元素	几何信息	非几何信息
1	风管	各系统所有风管及其风管管件、风管附件、保温层	截面尺寸、平面定位、标高、安装间距、保温材料厚度、预留孔洞位置和尺寸	系统、类型、材料、敷设方式、立管编号、产品信息、安装信息
2	水管	所有空调水管及其管件、管道附件、保温层	管径、壁厚、平面定位、标高、安装间距、保温材料厚度、预留孔洞位置和尺寸	系统、类型、材料、敷设方式、立管编号、产品信息、安装信息

续表

序号	模型元素类型	模型元素	几何信息	非几何信息
3	阀门、末端及其他部件	阀门、风口（如散流器、百叶风口、排烟口等）、消声器、减振器、隔振器、阻尼器等部件	几何尺寸、平面定位、标高	规格、技术参数、末端编号、产品信息、安装信息
4	设备	冷热源设备（如冷水机组、冷却塔、蒸发式冷气机、锅炉、热泵等）；空调设备（空调机组、风机盘管）；通风设备（通风机、净化设备）；补水装置（膨胀水箱或定压补水装置）、水泵，大型设备应补充设备基础	几何尺寸、平面定位、标高、配套管件及阀件的空间定位信息	规格、技术参数、编号、产品信息、安装信息、荷载信息
5	管道安装	管道支架和吊架	几何尺寸、平面定位、标高	类型（如型钢类型、管夹类型等）、材料、产品信息、安装信息

竣工交付阶段电气专业交付模型元素及信息要求　　表 8-26

序号	模型元素类型	模型元素	几何信息	非几何信息
1	输配电器材	各系统所有封闭母线、电缆桥架或线槽及其配件	截面尺寸、平面定位、标高	类型、材料、敷设方式、产品信息、安装信息，母线应包含规格信息
2	照明设备	照明配电箱、照明灯具及其附件、通断开关及插座、照明配电桥架（线槽）等部件	几何尺寸、平面定位、标高	类型、材料、敷设方式、安装方式、技术参数、产品信息、安装信息
3	弱电系统设备	弱电系统（包括消防自动报警系统、安防系统、通信系统、自动化控制系统）设备及其附件、弱电系统敷设桥架（线槽）等部件	几何尺寸、平面定位、标高	类型、材料、敷设方式、安装方式、技术参数、产品信息、安装信息
4	供配电设备	配电成套柜、配电箱、变压器及配电元器件、发电机、备用电源、监控系统及辅助装置；大型设备基础	几何尺寸、平面定位、标高	型号、类型、材料、敷设方式、技术参数、产品信息、安装信息、荷载信息
5	电缆、桥架等安装	支架和吊架	几何尺寸、平面定位、标高	类型（如型钢类型、管夹类型等）、材料、产品信息、安装信息

（5）竣工交付阶段，最终交付的模型成果中的精装修专业模型元素应满足如表8-27所示的要求。

竣工交付阶段精装修专业交付模型元素及信息要求　　　　　表 8-27

序号	模型元素	几何信息	非几何信息
1	卫生间（卫生洁具、水池、台、柜）	尺寸、定位	厂商信息、型号、编号、用途
2	固定家具（主要为碰撞检测分析）	尺寸、定位	厂商信息、型号、编号、用途
3	吊顶（龙骨、灯具、风口、烟感、喷淋、广播、检修口）	尺寸、定位、高度	厂商信息、型号、编号、用途
4	隔断	尺寸、定位	厂商信息、型号、编号、用途
5	地面（示意性拼花、材料）	尺寸、定位	厂商信息、型号、编号、用途
6	墙面（插座、开关、通信、空调控制器、消防操控按钮、安全出口指示、机电末端）	尺寸、定位、高度	厂商信息、型号、编号、用途
7	室内标识	尺寸、定位	厂商信息、型号、编号、用途
8	饰面层（内外墙的涂料、面砖等饰面层）	尺寸、定位	厂商信息、型号、编号、用途

注：如表 8-23 ~ 表 8-27 所示的模型元素及信息可根据项目实际需求进行增减。如表 8-23 所示的材料信息，包含材质、规格、产品合格证明、生产厂家、进场复验情况等；生产信息包含生产批次、工程量、构件数量等；构件属性信息包含构件的编码、材质、数量、图纸编号等信息；成本信息包含材料价格信息；质检信息包含生产批次质检信息、生产责任人与责任单位信息。安装信息包括安装信息包括安装单位、安装日期等。

（6）竣工交付阶段的非模型类交付内容宜包括碰撞检测报告、CAD、PDF电子版图纸或纸质版图纸、项目 BIM 数据库、其他 BIM 交付物等。

碰撞检测报告是指基于 BIM 竣工交付模型进行全专业或多专业间的碰撞检查、管线综合报告，以及相关的问题解决方案等报告文件。CAD、PDF 电子版图纸或纸质版图纸是指 BIM 竣工交付阶段利用 BIM 模型深化设计后输出的图纸。BIM 数据库是 BIM 合同约定的交付内容，包括实物量报表等。双方约定的其他交付物，包括参考设计文件说明、工程试运行信息、专项验收信息等。

第八节　运营维护阶段交付标准

（1）运维模型应准确表达构件的外表几何信息、运维信息等。在模型满足运维的要求条件下，对运维无指导意义的内容，应进行轻量化处理，不宜过度建模或过度集成数据。

（2）运维模型应采用统一的编码体系，实现模型及信息在资产全生命期有效传递及交换。

（3）运维模型宜根据运维管理需求，分配模型信息增、删、改等相应管理权限。

（4）运营维护阶段，最终交付的模型成果中的土建专业模型元素应满足如表 8-28 所示的要求。

运营维护阶段土建专业交付模型元素及信息要求　　　　表 8-28

序号	模型元素类型	模型元素	几何信息	非几何信息
1	场地周边	临近区域的既有建筑物、周边道路等	尺寸（或轮廓）、定位	周边建筑物设计参数、道路性能参数等
2	主体结构	基础、梁、板、柱、墙、屋面、楼梯、坡道等	尺寸、定位	材料信息、生产信息、构件属性信息、工艺工序信息、成本信息、质检信息
3	二次结构	构造柱、过梁、止水反梁、女儿墙、压顶、填充墙、隔墙等	尺寸、定位	材料信息、工艺工序信息、成本信息
4	预制构件	梁、板、柱、墙、楼梯等预制件	尺寸、定位	材料信息、生产信息、构件属性信息、工艺工序信息、成本信息、质检信息
5	预埋构件	预埋件、预埋管、预埋螺栓等，以及预留孔洞	尺寸、定位	材料信息、生产信息、构件属性信息、成本信息、质检信息
6	节点	构成节点的钢筋、混凝土，以及型钢、预埋件等	尺寸、定位、排布	材料信息、生产信息、构件属性信息、工艺工序信息、成本信息、质检信息
7	门窗	门窗	尺寸、定位	生产信息、质量管理信息、产品信息、设备管理信息、维保信息、人员及工单信息
8	幕墙系统	支撑体系、嵌板体系、安装构件	几何尺寸、定位，幕墙系统应按最大轮廓建模为单一幕墙，不应在标高、房间分隔等处断开	成本信息、质量管理信息
9	垂直交通设备	电梯、扶梯及附件	尺寸、定位	生产信息、质量管理信息、产品信息、设备管理信息、维保信息、人员及工单信息
10	空间或房间	空间或房间	尺寸、定位、面积	功能分区；空间或房间宜标注为建筑面积，当确需标注为使用面积时，应在类型属性中标明使用面积

（5）运营维护阶段，最终交付的模型成果中的机电专业模型元素应满足如表 8-29 ～表 8-31 所示的要求。

运营维护阶段给水排水专业交付模型元素及信息要求　　　　表 8-29

序号	模型元素类型	模型元素	几何信息	非几何信息
1	管道	所有给水排水管道及其管件、管道附件、保温层	管径、壁厚、保温层材料厚度、预留孔洞位置和尺寸、平面定位、标高	除竣工交付阶段的内容以外，应添加相应系统的运营管理信息和维保信息

续表

序号	模型元素类型	模型元素	几何信息	非几何信息
2	控制与计量设备	阀门、水表、流量计、温度计、压力表等	几何尺寸、平面定位、标高	除竣工交付阶段的内容以外，应添加相应设施设备的运营管理信息、维保信息和文档信息
3	水泵与储水设备	水泵、储水装置、压力容器、过滤设备、污水池等及大型设备基础	几何尺寸、平面定位、标高	除竣工交付阶段的内容以外，应添加相应设施设备的运营管理信息、维保信息和文档信息
4	消防设备	消火栓、喷头、灭火器	几何尺寸、平面定位、标高	除竣工交付阶段的内容以外，应添加相应设施设备的运营管理信息、维保信息和文档信息
5	排水部件	地漏、清扫口	几何尺寸、平面定位	除竣工交付阶段的内容以外，应添加相应系统的运营管理信息和维保信息
6	管道安装	管道支架和吊架	几何尺寸、平面定位、标高	除竣工交付阶段的内容以外，应添加相应系统的运营管理信息和维保信息

运营维护阶段暖通空调专业交付模型元素及信息要求 表 8-30

序号	模型元素类型	模型元素	几何信息	非几何信息
1	风管	各系统所有风管及其风管管件、风管附件、保温层	截面尺寸、平面定位、标高、安装间距、保温层材料厚度、预留孔洞位置和尺寸	除竣工交付阶段的内容以外，应添加相应系统的运营管理信息和维保信息
2	水管	所有空调水管及其管件、管道附件、保温层	管径、壁厚、平面定位、标高、安装间距、保温层材料厚度、预留孔洞位置和尺寸	除竣工交付阶段的内容以外，应添加相应系统的运营管理信息和维保信息
3	阀门、末端及其他部件	阀门、通风口（如散流器、百叶风口、排烟口等）、消声器、减振器、隔振器、阻尼器等部件	实际尺寸、平面定位、标高	除竣工交付阶段的内容以外，应添加相应系统的运营管理信息和维保信息
4	设备	冷热源设备（如冷水机组、冷却塔、蒸发式冷气机、锅炉、热泵等）；空调设备（空调机组、风机盘管）；通风设备（通风机、净化设备）；补水装置（膨胀水箱或定压补水装置）、水泵，大型设备应补充设备基础	实际尺寸、平面定位、标高	除竣工交付阶段的内容以外，应添加相应设施设备的运营管理信息、维保信息和文档信息
5	管道安装	管道支架和吊架	实际尺寸、平面定位、标高	除竣工交付阶段的内容以外，应添加相应系统的运营管理信息和维保信息

运营维护阶段电气专业交付模型元素及信息要求　　　表 8-31

序号	模型元素类型	模型元素	几何信息	非几何信息
1	输配电器材	各系统所有封闭母线、电缆桥架或线槽及其配件	几何尺寸、平面定位、标高	除竣工交付阶段的内容以外，应添加相应系统的运营管理信息和维保信息
2	照明设备	照明配电箱、照明灯具及其附件、通断开关及插座、照明配电桥架（线槽）等部件	几何尺寸、平面定位、标高	除竣工交付阶段的内容以外，应添加相应设施设备的运营管理信息、维保信息和文档信息
3	弱电系统设备	弱电系统（包括消防自动报警系统、安防系统、通信系统、自动化控制系统）设备及其附件、弱电系统敷设桥架（线槽）等部件	几何尺寸、平面定位、标高	除竣工交付阶段的内容以外，应添加相应设施设备的运营管理信息、维保信息和文档信息
4	供配电设备	配电成套柜、配电箱、变压器及配电元器件、发电机、备用电源、监控系统及辅助装置；大型设备基础	几何尺寸、平面定位、标高	除竣工交付阶段的内容以外，应添加相应设施设备的运营管理信息、维保信息和文档信息
5	电缆、桥架等安装	支架和吊架等	几何尺寸、平面定位、标高	除竣工交付阶段的内容以外，应添加相应系统的运营管理信息和维保信息

（6）运营维护阶段，最终交付的模型成果中的精装修专业模型元素应满足如表 8-32 所示的要求。

运营维护阶段精装修专业交付模型元素及信息要求　　　表 8-32

序号	模型元素	几何信息	非几何信息
1	卫生间（卫生洁具、水池、台、柜）	尺寸、定位	材料信息、生产信息、构件属性信息、质量管理信息、产品信息、设备管理信息、维保信息、人员及工单信息
2	固定家具（主要为碰撞检测分析）	尺寸、定位	材料信息、生产信息、构件属性信息、质量管理信息、产品信息、设备管理信息、维保信息、人员及工单信息
3	吊顶（龙骨、灯具、风口、烟感、喷淋、广播、检修口）	尺寸、定位	材料信息、生产信息、构件属性信息、质量管理信息、产品信息、设备管理信息、维保信息、人员及工单信息
4	隔断	尺寸、定位	材料信息、构件属性信息、成本信息、质量管理信息
5	地面（示意性拼花、材料）	尺寸、定位	材料信息、生产信息、构件属性信息、成本信息、质量管理信息
6	墙面（插座、开关、通信、空调控制器、消防操控按钮、安全出口指示、机电末端）	尺寸、定位	材料信息、生产信息、构件属性信息、质量管理信息、产品信息、设备管理信息、维保信息、人员及工单信息

续表

序号	模型元素	几何信息	非几何信息
7	室内标识	尺寸、定位	材料信息、生产信息、构件属性信息、质量管理信息、产品信息、设备管理信息、维保信息、人员及工单信息
8	饰面层（内外墙的涂料、面砖等饰面层）	尺寸、定位	材料信息、生产信息、构件属性信息

注：如表8-28～表8-32所示的模型元素及信息可根据商业合同和运维需求进行增减。运维管理信息包含使用环境、管理单位、施工单位、资产属性、权属单位等信息。维保信息包含维护单位、维护周期、维护方法、使用寿命、保修期等信息。文档信息包含使用手册、说明手册等信息。

（7）运维维护阶段的非模型类交付内容宜包括运维平台及其配套设施设备、构件库和说明书。

运维平台应能读取操作运维模型，并根据运维的具体功能需求配置相应的建筑信息数据采集处理设施设备。BIM构件库文件应根据项目的实际运维需求建立，且相关构件文件支持独立编辑和修改。运维交付说明书应包含模型系统简介、模型架构、构件精细度交付信息选用表、交付格式说明、项目分区、设备清单、模型查阅与修改方法等。

第九节　改扩建拆除阶段交付标准

（1）BIM模型改扩建拆除时，不应改变原有BIM模型数据结构；任务信息模型应与其他任务信息模型协调一致。

（2）改扩建拆除阶段模型应满足工程项目相关方协同工作的需要，支持工程项目相关方获取、应用及更新信息。

（3）模型宜包括创建者与更新者、创建和更新时间、所使用的软件与版本，以及软硬件环境等可追溯和重现的信息，用于共享的模型元素应能被唯一识别，对于用不同BIM软件创建的模型，宜使用开放或兼容的数据格式进行模型数据交换，实现改扩建拆除阶段各模型的合并或集成。用于共享的模型应满足下列要求：

1）模型与设计保持一致。

2）模型数据已经通过审核、清理。

3）模型数据是经过确认的版本。

4）模型数据内容和格式符合数据互用要求。

（4）改扩建拆除阶段，最终交付的模型元素应满足如表8-33所示要求。

改扩建拆除阶段交付模型元素及信息要求　　　　　　　　　　表8-33

序号	模型元素	几何信息	非几何信息
1	地形地貌	定位、标高	材质、区域气象、水文地质条件
2	道路交通	尺寸、定位、形状	材质

续表

序号	模型元素	几何信息	非几何信息
3	地面建筑物	尺寸（或轮廓）、定位	编号、房屋基本信息、材料、混凝土结构配筋信息
4	地下建筑（城市生命管线、窨井、雨水井、城市地下轨道交通车站区间、地下室）	尺寸、定位	编号、型号、类型、用途、材料、混凝土结构配筋信息
5	公共设备（电线杆、变压器等）	尺寸（或轮廓）、定位	功能
6	历史保护性建筑或者构筑物	尺寸（或轮廓）、定位	材质、功能

注：如表 8-33 所示的模型元素及信息可根据项目实际需求进行增减。

（5）改扩建拆除阶段的非模型类交付内容宜包括周边环境资料、地貌环境资料、地下建筑资料、道路交通资料、地质及勘察资料等，各类环境资料必须拥有可供使用的参照点及其坐标。

周边环境资料应包括地形地貌、地下建筑物、道路交通、地质以及勘察资料等。地貌环境资料应包括地面建筑物的外轮廓及外轮廓顶、地面标高、地形地貌等。地下建筑资料应包括城市生命管线、窨井、雨水井、城市地下轨道交通车站区间、地下室等。道路交通资料应包括道路相关走向及宽度，高架桥、立交桥等外形和高宽度等。地质及勘察资料应包括测点的定位坐标、测点绝对标高及深度、地下建筑物的外轮廓地面投影及深度的绝对标高。

第九章　模型审核和验收标准

第一节　基本规定

（1）对BIM交付物的审核包括模型完整性审核、模型及信息细度审核、信息一致性审核、模型合规性审核。

（2）模型完整性审核应结合相应阶段的交付要求，审核BIM模型的构件类型是否完整、是否与各专业图纸表达的构件内容相一致。

（3）模型及信息细度审核应根据不同的交付阶段，审核BIM模型的几何信息与非几何信息细度是否符合第八章的细度要求。

（4）信息一致性审核应对照BIM交付物的不同表现形式，审核其数据、信息是否一致。

（5）模型合规性审核应对BIM模型各专业建模方式、构件组合方式、模型表达方式进行审核。

第二节　合标基本检查

合标基本检查通过是三维模型合格的基本条件。需符合如表9-1所示的要求。

合标基本检查审核表　　　　　　　　　　　　　　表9-1

序号	核查控制项	核查结果	备注
1	BIM模型必须遵守应有的拆分逻辑，按需根据楼层、专业等进行模型拆分，采用链接形式协同作业，建立明确的协同工作机制		
2	BIM模型必须包含图纸所有定义的所有楼层，且标高显示正确		
3	BIM模型构件命名应规范，采用统一的命名逻辑体系		
4	BIM模型材质库命名应规范，采用统一的命名逻辑，且必须包含图纸、材质做法表中所有材质		
5	BIM模型中应包含应有的项目参数，不应缺少或者存在过多的项目参数		
6	机电BIM模型应根据施工图的管线系统进行适当的过滤器设定，控制项目中文件每个系统的显示开关，方便隔离选取		
7	BIM模型必须包含图纸表达、模型各专业的全部构件元素。所建立的三维模型应与二维图纸表达一致		

序号	核查控制项	核查结果	备注
8	模型构件应使用正确的统一的族类别，同类构件不应使用三类或者三类以上的族类别创建		
9	模型中不应有多余的、重叠或重复的构件。模型不应存在错漏碰缺现象		

注：凡是核查项通过者，均打"√"以示通过。核查项不通过的，均打"×"以示无法通过核查项，且在表后备注说明具体缘由，不得有空缺。模型交付双方可根据工程实际需求，增减核查控制项内容以及调整表格间距。

第三节　分专业核查

一、规划（总平面规划）阶段

模型交付双方可根据工程实际需求，沟通后拟定建筑专业构件核查表，如表9-2所示。

规划（总平面规划）阶段建筑专业构件核查表　　　　　表 9-2

序号	核查控制项	核查内容	核查结果	备注
1	场地地形	1）核查有无高程、位置布局等几何信息，且表达正确		
		2）核查有无地质等非几何信息，且表达正确		
2	场地周边（临近区域的既有建筑物、周边道路、桥梁、隧道等交通设施）	1）核查有无高程、尺寸（或轮廓）、定位等几何信息，且表达正确		
		2）核查有无周边建筑物设计参数、交通设施性能参数等非几何信息，且表达正确		
3	用地范围	1）核查有无面积、坐标、样式等几何信息，且表达正确		
		2）核查有无用地编号、用地类型、竖向空间位置等非几何信息，且表达正确		
4	场地布置（道路、广场、绿地、水域）	1）核查有无面积、位置布局、样式等几何信息，且表达正确		
		2）核查有无类型、材质、竖向空间位置等非几何信息，且表达正确		
5	场地建筑（建筑物、构筑物等）	1）核查有无尺寸（或轮廓）、定位、标高等几何信息，且表达正确		
		2）核查有无建筑物设计参数（如高度、面积等）等非几何信息，且表达正确		
6	配套设施（建筑物、构筑物）	1）核查有无尺寸（或轮廓）、定位、标高等几何信息，且表达正确		
		2）核查有无建筑物设计参数、类型、配套设施参数等非几何信息，且表达正确		

续表

序号	核查控制项	核查内容	核查结果	备注
7	园林景观（植被、构筑物）	1）核查有无尺寸（或轮廓）、定位、标高等几何信息，且表达正确		
		2）核查有无植被品种、构筑物参数等非几何信息，且表达正确		

注：凡是核查项通过者，均打"√"以示通过。核查项不通过的，均打"×"以示无法通过核查项，且在表后备注说明具体缘由，不得有空缺。模型交付双方可根据工程实际需求，增减核查控制项内容以及调整表格间距。专业核查通过后，检查交付的非模型类文件是否齐全。

二、方案设计阶段

模型交付双方可根据工程实际需求，沟通后建筑专业构件核查表，如表9-3所示。

方案设计阶段建筑专业构件核查表　　　　表9-3

序号	核查控制项	核查内容	核查结果	备注
1	场地周边（临近区域的既有建筑物、周边道路等）	1）核查有无尺寸（或轮廓）、定位等几何信息，且表达正确		
		2）核查有无周边建筑物设计参数、道路性能参数等非几何信息，且表达正确		
2	建筑部品（内外墙、柱、门窗、卫浴洁具、楼梯、坡道、栏杆扶手、室内设施）	1）核查有无尺寸、定位等几何信息，且表达正确		
		2）核查有无规格、材质等非几何信息，且表达正确		
3	幕墙系统（嵌板体系）	1）核查有无尺寸、定位等几何信息，且表达正确		
		2）核查有无幕墙规格、材料和内嵌的门窗等非几何信息，且表达正确		
4	垂直交通设备（电梯、扶梯及附件）	1）核查有无尺寸、定位等几何信息，且表达正确		
		2）核查有无特定使用功能（消防、无障碍、客货用）等非几何信息，且表达正确		
5	空间或房间	1）核查有无尺寸、定位、面积等几何信息，且表达正确		
		2）核查有无功能分区等非几何信息；且空间或房间是否宜标注为建筑面积		

注：凡是核查项通过者，均打"√"以示通过。核查项不通过的，均打"×"以示无法通过核查项，且在表后备注说明具体缘由，不得有空缺。模型交付双方可根据工程实际需求，增减核查控制项内容以及调整表格间距。专业核查通过后，检查交付的非模型类文件是否齐全。

三、初步设计阶段

模型交付双方可根据工程实际需求，沟通后拟定各专业构件核查表，如表9-4～

表9-8所示。

初步设计阶段建筑专业构件核查表

表 9-4

序号	核查控制项	核查内容	核查结果	备注
1	场地布置（现场场地、基坑围护等）	1）核查有无尺寸（或轮廓）、定位等几何信息，且表达正确		
		2）核查有无材料信息等非几何信息，且表达正确		
2	场地周边（临近区域的既有建筑物、周边道路等）	1）核查有无尺寸（或轮廓）、定位等几何信息，且表达正确		
		2）核查有无周边建筑物设计参数、道路性能参数等非几何信息，且表达正确		
3	建筑部品（内外墙、柱、门窗、卫浴洁具、楼梯、坡道、栏杆扶手、室内设施）	1）核查有无尺寸、定位等几何信息，且表达正确		
		2）核查有无规格、材质等非几何信息，且表达正确		
4	建筑结构（楼地面、屋顶）	1）核查有无形状、范围、标高、厚度等几何信息，且表达正确		
		2）核查有无材质等非几何信息，且表达正确		
5	幕墙系统（支撑体系、嵌板体系）	1）核查有无尺寸、定位等几何信息，且表达正确		
		2）核查有无材质、颜色、构造等非几何信息，且表达正确		
6	垂直交通设备（电梯、扶梯及附件）	1）核查有无尺寸、定位等几何信息，且表达正确		
		2）核查有无生产商提供的成品信息模型、梯速、扶梯角度、特定使用功能（消防、无障碍、客货用）、联控方式等非几何信息，且表达正确		
7	空间或房间	1）核查有无尺寸、定位、面积等几何信息，且表达正确		
		2）核查有无功能分区等非几何信息；且空间或房间宜标注为建筑面积，当确需标注为使用面积时，应在类型属性中标明使用面积		

初步设计阶段结构专业构件核查表

表 9-5

序号	核查控制项	核查内容	核查结果	备注
1	主体结构（基础、梁、板、柱、墙、屋面、楼梯、坡道等）	1）核查有无尺寸、定位等几何信息，且表达正确		
		2）核查有无类型、材料等非几何信息，且表达正确		

续表

序号	核查控制项	核查内容	核查结果	备注
2	二次结构（止水反梁、女儿墙、填充墙、隔墙等）	1）核查有无尺寸、定位等几何信息，且表达正确		
		2）核查有无类型、材料等非几何信息，且表达正确		
		3）核查有无功能用途等非几何信息，且表达正确		

初步设计阶段给水排水专业构件核查表　　　表 9-6

序号	核查控制项	核查内容	核查结果	备注
1	管道（给水、排水、中水、消防、喷淋等各系统干管管道及其管件）	1）核查有无管径、壁厚、平面定位、标高等几何信息，且表达正确		
		2）核查有无系统、类型、材料等非几何信息，且表达正确		
2	水泵与储水设备（水泵、储水装置、压力容器、过滤设备、污水池等）	1）核查有无几何尺寸、平面定位、标高等几何信息，且表达正确		
		2）核查有无规格、技术参数，与管道相连接的设备应赋予系统信息等非几何信息，且表达正确		
3	消防设备（消火栓）	1）核查有无几何尺寸、平面定位、标高等几何信息，且表达正确		
		2）核查有无类型、规格、技术参数等非几何信息，且表达正确		
4	排水部件（雨水斗）	1）核查有无几何尺寸、平面定位等几何信息，且表达正确		
		2）核查有无类型、规格等非几何信息，且表达正确		

初步设计阶段暖通空调专业构件核查表　　　表 9-7

序号	核查控制项	核查内容	核查结果	备注
1	风管（各系统风管干管）	1）核查有无几何尺寸、空间定位、标高等几何信息，且表达正确		
		2）核查有无系统、类型、材料等非几何信息，且表达正确		
2	水管（空调水管干管及其管件、管道附件）	1）核查有无管径、壁厚、平面定位、标高等几何信息，且表达正确		
		2）核查有无系统、类型、材料等非几何信息，且表达正确		

序号	核查控制项	核查内容	核查结果	备注
3	设备［冷热源设备（如冷水机组、冷却塔、蒸发式冷气机、锅炉、热泵等）；空调设备（空调机组、风机盘管）；通风设备（通风机、净化设备）］	1）核查有无几何尺寸、平面定位、标高等几何信息，且表达正确		
		2）核查有无规格、技术参数及与风管、管道相连接的设备应赋予的系统信息等非几何信息，且表达正确		

初步设计阶段电气专业构件核查表　　　　　　　表 9-8

序号	核查控制项	核查内容	核查结果	备注
1	输配电器材（封闭母线、电缆桥架或线槽的主要干线）	1）核查有无截面尺寸、平面定位、标高等几何信息，且表达正确		
		2）核查有无类型、材料、敷设方式、母线应包含规格信息等非几何信息，且表达正确		
2	设备（配电成套柜、配电箱、控制箱、变压器及配电元器件、发电机、备用电源、监控系统及辅助装置）	1）核查有无几何尺寸、平面定位、标高等几何信息，且表达正确		
		2）核查有无规格、技术参数、回路信息等非几何信息，且表达正确		

注：凡是核查项通过者，均打"√"以示通过。核查项不通过的，均打"×"以示无法通过核查项，且在表后备注说明具体缘由，不得有空缺。模型交付双方可根据工程实际需求，增减核查控制项内容以及调整表格间距。专业核查通过后，检查交付的非模型类文件是否齐全。

四、施工图设计阶段

模型交付双方可根据工程实际需求，沟通后拟定各专业构件核查表，如表9-9～表9-13所示。

施工图设计阶段建筑专业构件核查表　　　　　　表 9-9

序号	核查控制项	核查内容	核查结果	备注
1	场地布置（现场场地、道路、基坑围护等）	1）核查有无尺寸（或轮廓）、定位等几何信息，且表达正确		
		2）核查有无材料信息等非几何信息，且表达正确		
2	场地周边（临近区域的既有建筑物、周边道路等）	1）核查有无尺寸（或轮廓）、定位等几何信息，且表达正确		
		2）核查有无周边建筑物设计参数、道路性能参数等非几何信息，且表达正确		
3	建筑部品（内外墙、柱、门窗、卫浴洁具、楼梯、坡道、栏杆扶手、室内设施）	1）核查有无尺寸、定位等几何信息，且表达正确		
		2）核查有无材质、构造、功能、颜色、编号（门窗、楼梯）、类型等非几何信息，且表达正确		

续表

序号	核查控制项	核查内容	核查结果	备注
4	建筑结构（楼地面、屋顶）	1）核查有无尺寸、范围、标高等几何信息，且表达正确		
		2）核查有无材质、构造样式等非几何信息，且表达正确		
5	预埋构件（预留孔洞、套管）	1）核查有无尺寸、定位等几何信息，且表达正确		
		2）核查有无功能用途、材质等非几何信息，且表达正确		
6	幕墙系统（支撑体系、嵌板体系）	1）核查有无尺寸、定位等几何信息，且表达正确		
		2）核查有无材质、编号、类型、构造、与主体结构之间的支撑关系等非几何信息，且表达正确		
7	垂直交通设备（电梯、扶梯及附件）	1）核查有无尺寸、定位等几何信息，且表达正确		
		2）核查有无生产商提供的成品信息模型、梯速、扶梯角度、特定使用功能（消防、无障碍、客货用）、联控方式等非几何信息，且表达正确		
8	空间或房间	1）核查有无尺寸、定位、面积等几何信息，且表达正确		
		2）核查有无功能分区等非几何信息；且空间或房间宜标注为建筑面积，当确需标注为使用面积时，应在类型属性中标明使用面积		

施工图设计阶段结构专业构件核查表 表 9-10

序号	核查控制项	核查内容	核查结果	备注
1	主体结构（基础、梁、板、柱、墙、屋面、楼梯、坡道等）	1）核查有无尺寸、定位等几何信息，且表达正确		
		2）核查有无材质、构造、功能、编号（楼梯、坡道）、类型等非几何信息，且表达正确		
2	二次结构（构造柱、过梁、止水反梁、女儿墙、填充墙、隔墙等）	1）核查有无尺寸、定位等几何信息，且表达正确		
		2）核查有无材质、构造、功能、类型等非几何信息，且表达正确		
3	预制构件（梁、板、柱、墙、楼梯等非主体受力预制构件）	1）核查有无尺寸、定位等几何信息，且表达正确		
		2）核查有无材质、构造、功能、类型等非几何信息，且表达正确		

续表

序号	核查控制项	核查内容	核查结果	备注
4	预埋构件（预埋件、预埋管、预埋螺栓、预留孔洞、套管）	1）核查有无尺寸、定位等几何信息，且表达正确		
		2）核查有无功能用途、材质、构造样式等非几何信息，且表达正确		
5	节点（构成节点的钢筋、混凝土，以及型钢、预埋件等）	1）核查有无尺寸、定位、排布等几何信息，且表达正确		
		2）核查有无编号、材料、必要的钢筋信息（等级、规格等）、型钢信息、节点区预埋信息、节点连接信息等非几何信息，且表达正确		

施工图设计阶段给水排水专业构件核查表   表 9-11

序号	核查控制项	核查内容	核查结果	备注
1	管道（所有给水排水管道及其管件、管道附件）	1）核查有无管径、壁厚、平面定位、标高等几何信息，且表达正确		
		2）核查有无系统、类型、材料、敷设方式、立管编号等非几何信息，且表达正确		
2	控制与计量设备（阀门、水表、流量计、温度计、压力表等）	1）核查有无几何尺寸、平面定位、标高等几何信息，且表达正确		
		2）核查有无类型、规格、技术参数等非几何信息，且表达正确		
3	水泵与储水设备（水泵、储水装置、压力容器、过滤设备、污水池等设备模型及大型设备的基础）	1）核查有无几何尺寸、平面定位、标高等几何信息，且表达正确		
		2）核查有无规格、技术参数、与管道相连接的设备应赋予系统信息、大型设备基础荷载等非几何信息，且表达正确		
4	消防设备（消火栓、喷头、灭火器）	1）核查有无几何尺寸、平面定位、标高等几何信息，且表达正确		
		2）核查有无类型、规格、技术参数等非几何信息，且表达正确		
5	排水部件（地漏、清扫口）	1）核查有无几何尺寸、平面定位等几何信息，且表达正确		
		2）核查有无规格等非几何信息，且表达正确		

施工图设计阶段暖通空调专业构件核查表   表 9-12

序号	核查控制项	核查内容	核查结果	备注
1	风管（各系统所有风管及其风管管件、风管附件、保温层）	1）核查有无几何尺寸、空间定位、标高等几何信息，且表达正确		
		2）核查有无系统、类型、材料、敷设方式、立管编号等非几何信息，且表达正确		

序号	核查控制项	核查内容	核查结果	备注
2	水管（所有空调水管及其管件、管道附件、保温层）	1）核查有无管径、壁厚、平面定位、标高等几何信息，且表达正确		
		2）核查有无系统、类型、材料、敷设方式、立管编号等非几何信息，且表达正确		
3	阀门、末端及其他部件[阀门、通风口（如散流器、百叶风口、排烟口等）、消声器、减振器、隔振器、阻尼器等部件]	1）核查有无几何尺寸、平面定位、标高等几何信息，且表达正确		
		2）核查有无规格、技术参数、末端编号等非几何信息，且表达正确		
4	设备[冷热源设备（如冷水机组、冷却塔、蒸发式冷气机、锅炉、热泵等)]；空调设备（空调机组、风机盘管）；通风设备（通风机、净化设备）；补水装置（膨胀水箱或定压补水装置）、水泵，大型设备应补充设备基础	1）核查有无几何尺寸、平面定位、标高等几何信息，且表达正确		
		2）核查有无规格、技术参数、编号，大型设备基础荷载等非几何信息，且表达正确		

施工图设计阶段电气专业构件核查表　　　　　　　　表 9-13

序号	核查控制项	核查内容	核查结果	备注
1	输配电器材（各系统所有封闭母线、电缆桥架或线槽及其配件）	1）核查有无截面尺寸、平面定位、标高等几何信息，且表达正确		
		2）核查有无类型、材料、敷设方式，母线应包含规格信息等非几何信息，且表达正确		
2	设备（配电成套柜、配电箱、控制箱、变压器及配电元器件、发电机、自动报警系统机柜、弱电系统机柜、监控系统及辅助装置；照明、防雷、消防、安防、通信、自动化、开关插座等设备，大型设备应补充设备基础）	1）核查有无几何尺寸、平面定位、标高等几何信息，且表达正确		
		2）核查有无规格、技术参数，大型设备基础荷载等非几何信息，且表达正确		

注：凡是核查项通过者，均打"√"以示通过。核查项不通过的，均打"×"以示无法通过核查项，且在表后备注说明其具体缘由，不得有空缺。模型交付双方可根据工程实际需求，增减核查控制项内容以及调整表格间距。专业核查通过后，检查交付的非模型类文件是否齐全。

五、施工准备阶段

模型交付双方可根据工程实际需求，沟通后拟定各专业构件核查表，如表9-14 ~ 表9-18所示。

施工准备阶段土建专业构件核查表 表 9-14

序号	核查控制项	核查内容	核查结果	备注
1	场地布置（现场场地、临时设施、施工机械、道路、基坑围护等）	1）核查有无尺寸（或轮廓）、定位等几何信息，且表达正确		
		2）核查有无材料信息、机械设备参数、施工单位、运行维护信息等非几何信息，且表达正确		
2	场地周边（临近区域的既有建筑物、周边道路等）	1）核查有无尺寸（或轮廓）、定位等几何信息，且表达正确		
		2）核查有无周边建筑物设计参数、道路性能参数等非几何信息，且表达正确		
3	主体结构（基础、梁、板、柱、墙、屋面、楼梯、坡道等）	1）核查有无尺寸、定位等几何信息，且表达正确		
		2）核查有无类型、材料等非几何信息，且表达正确		
4	二次结构（构造柱、过梁、止水反梁、女儿墙、压顶、填充墙、隔墙等）	1）核查有无尺寸、定位等几何信息，且表达正确		
		2）核查有无类型、材料等非几何信息，且表达正确		
5	预制构件（梁、板、柱、墙、楼梯等）	1）核查有无尺寸、定位等几何信息，且表达正确		
		2）核查有无类型、材料等非几何信息，且表达正确		
6	预埋构件（预埋件、预埋管、预埋螺栓等，以及预留孔洞）	1）核查有无尺寸、定位等几何信息，且表达正确		
		2）核查有无类型、材料等非几何信息，且表达正确		
7	节点（构成节点的钢筋、混凝土，以及型钢、预埋件等）	1）核查有无尺寸、定位、排布等几何信息，且表达正确		
		2）核查有无节点编号、材料信息、钢筋信息（等级、规格等）、型钢信息、节点区预埋信息、节点连接信息等非几何信息，且表达正确		
8	门窗	1）核查有无尺寸、定位等几何信息，且表达正确		
		2）核查有无类型、材质信息、物理性能、防火等级等非几何信息，且表达正确		
9	幕墙系统（支撑体系、嵌板体系、安装构件）	1）核查有无尺寸、定位等几何信息，且表达正确；幕墙系统应按最大轮廓建模为单一幕墙，不应在标高、房间分隔等处断开		
		2）核查有无施工工艺、编号信息、规格、材质信息、物理性能等非几何信息，且表达正确		

续表

序号	核查控制项	核查内容	核查结果	备注
10	垂直交通设备（电梯、扶梯及附件）	1）核查有无尺寸、定位等几何信息，且表达正确		
		2）核查有无生产商提供的成品信息模型、梯速、扶梯角度、电梯交箱规格、特定使用功能（消防、无障碍、客货用）、联控方式、设备安装方式等非几何信息，且表达正确		
11	空间或房间	1）核查有无尺寸、定位、面积等几何信息，且表达正确		
		2）核查有无功能分区等非几何信息；且空间或房间宜标注为建筑面积，当确需标注为使用面积时，应在类型属性中标明使用面积		

施工准备阶段给水排水专业构件核查表　　　　　　表 9-15

序号	核查控制项	核查内容	核查结果	备注
1	管道（所有给水排水水管及其管件、管道附件、保温层）	1）核查有无管径、壁厚、保温材料厚度、平面定位、标高等几何信息，且表达正确		
		2）核查有无系统、类型、材料、敷设方式、立管编号、安装信息等非几何信息，且表达正确		
2	控制与计量设备（阀门、水表、流量计、温度计、压力表等）	1）核查有无几何尺寸、平面定位、标高等几何信息，且表达正确		
		2）核查有无类型、规格、技术参数、安装信息等非几何信息，且表达正确		
3	水泵与储水设备（水泵、储水装置、压力容器、过滤设备、污水池等及大型设备基础）	1）核查有无几何尺寸、平面定位、标高、配套管件及阀件的空间定位信息等几何信息，且表达正确		
		2）核查有无类型、规格、技术参数、安装信息、大型设备基础荷载等非几何信息，且表达正确		
4	消防设备（消火栓、喷头、灭火器等）	1）核查有无几何尺寸、平面定位、标高、配套管件及阀件的空间定位信息等几何信息，且表达正确		
		2）核查有无类型、规格、技术参数、安装信息等非几何信息，且表达正确		
5	排水部件（地漏、清扫口）	1）核查有无几何尺寸、平面定位、标高等几何信息，且表达正确		
		2）核查有无规格、安装信息等非几何信息，且表达正确		

序号	核查控制项	核查内容	核查结果	备注
6	管道安装（管道支架和吊架）	1）核查有无几何尺寸、平面定位、标高等几何信息，且表达正确		
		2）核查有无类型（如型钢类型、管夹类型等）、材料、安装信息等非几何信息，且表达正确		

施工准备阶段暖通空调专业构件核查表　　　　　　表 9-16

序号	核查控制项	核查内容	核查结果	备注
1	风管（各系统所有风管及其风管管件、风管附件、保温层）	1）核查有无截面尺寸、平面定位、标高、安装间距、预留孔洞位置和尺寸等几何信息，且表达正确		
		2）核查有无系统、类型、材料、敷设方式、立管编号、安装信息等非几何信息，且表达正确		
2	水管（所有空调水管及其管件、管道附件、保温层）	1）核查有无管径、壁厚、平面定位、标高、安装间距、预留孔洞位置和尺寸等几何信息，且表达正确		
		2）核查有无系统、类型、材料、敷设方式、立管编号、安装信息等非几何信息，且表达正确		
3	阀门、末端其他部件［阀门、通风口（如散流器、百叶风口、排烟口等）、消声器、减振器、隔振器、阻尼器等部件］	1）核查有无几何尺寸、平面定位、标高等几何信息，且表达正确		
		2）核查有无规格、技术参数、末端编号、安装信息等非几何信息，且表达正确		
4	设备［冷热源设备（如冷水机组、冷却塔、蒸发式冷气机、锅炉、热泵）；空调设备（空调机组、风机盘管）；通风设备（通风机、净化设备）；补水装置（膨胀水箱或定压补水装置）、水泵，大型设备应补充设备基础］	1）核查有无几何尺寸、平面定位、标高、配套管件及阀件的空间定位信息等几何信息，且表达正确		
		2）核查有无规格、技术参数、编号、安装信息、大型设备基础荷载等非几何信息，且表达正确		
5	管道安装（管道支架和吊架）	1）核查有无几何尺寸、平面定位、标高等几何信息，且表达正确		
		2）核查有无类型（如型钢类型、管夹类型等）、材料安装信息等非几何信息，且表达正确		

施工准备阶段电气专业构件核查表　　　　　　表 9-17

序号	核查控制项	核查内容	核查结果	备注
1	输配电器材（各系统所有封闭母线、电缆桥架或线槽及其配件）	1）核查有无截面尺寸、平面定位、标高等几何信息，且表达正确		

续表

序号	核查控制项	核查内容	核查结果	备注
1	输配电器材（各系统所有封闭母线、电缆桥架或线槽及其配件）	2）核查有无类型、材料、敷设方式、母线应包含规格信息、安装信息等非几何信息，且表达正确		
2	照明设备［照明配电箱、照明灯具及其附件、通断开关及插座、照明配电桥架（线槽）等部件］	1）核查有无几何尺寸、平面定位、标高等几何信息，且表达正确		
		2）核查有无类型、材料、敷设方式、安装方式、技术参数、安装信息等非几何信息，且表达正确		
3	弱电系统设备［弱电系统（包括消防自动报警系统、安防系统、通信系统、自动化控制系统）设备及其附件、弱电系统敷设桥架（线槽）等部件］	1）核查有无几何尺寸、平面定位、标高等几何信息，且表达正确		
		2）核查有无类型、材料、敷设方式、安装方式、技术参数、安装信息等非几何信息，且表达正确		
4	供配电设备（配电成套柜、配电箱、变压器及配电元器件、发电机、备用电源、监控系统及辅助装置；大型设备基础）	1）核查有无几何尺寸、平面定位、标高等几何信息，且表达正确		
		2）核查有无型号、类型、材料、敷设方式、技术参数、安装信息、大型设备基础荷载等非几何信息，且表达正确		
5	电缆、桥架等安装（支架和吊架）	1）核查有无几何尺寸、平面定位、标高等几何信息，且表达正确		
		2）核查有无类型（如型钢类型、管夹类型等）、材料、结构分析信息（如抗拉、抗弯）、安装信息等非几何信息，且表达正确		

施工准备阶段精装修专业构件核查表　　　　　　　　表 9-18

序号	核查控制项	核查内容	核查结果	备注
1	卫生间（卫生洁具、水池、台、柜）	1）核查有无尺寸、定位等几何信息，且表达正确		
		2）核查有无编号、构造及连接方式等非几何信息，且表达正确		
2	固定家具（主要为碰撞检测分析）	1）核查有无尺寸、定位等几何信息，且表达正确		
		2）核查有无编号等非几何信息，且表达正确		
3	吊顶（龙骨、灯具、风口、烟感、喷淋、广播、检修口）	1）核查有无尺寸、定位等几何信息，且表达正确		
		2）核查有无编号、构造及连接方式、建造方式等非几何信息，且表达正确		
4	隔断	1）核查有无尺寸、定位等几何信息，且表达正确		
		2）核查有无编号、构造及连接方式、建造方式等非几何信息，且表达正确		

序号	核查控制项	核查内容	核查结果	备注
5	地面（示意性拼花、材料）	1）核查有无尺寸、定位等几何信息，且表达正确		
		2）核查有无编号、构造及连接方式、建造方式等非几何信息，且表达正确		
6	墙面（插座、开关、通信、空调控制器、消防操控按钮、安全出口指示、机电末端）	1）核查有无尺寸、定位等几何信息，且表达正确		
		2）核查有无编号、构造及连接方式、建造方式等非几何信息，且表达正确		
7	室内标识	1）核查有无尺寸、定位等几何信息，且表达正确		
		2）核查有无编号、颜色、建造方式等非几何信息，且表达正确		
8	饰面层（内外墙的涂料、面砖等饰面层）	1）核查有无尺寸、定位等几何信息，且表达正确		
		2）核查有无编号、构造及连接方式、建造方式等非几何信息，且表达正确		

注：凡是核查项通过者，均打"√"以示通过。核查项不通过的，均打"×"以示无法通过核查项，且在表后备注说明具体缘由，不得有空缺。模型交付双方可根据工程实际需求，增减核查控制项内容以及调整表格间距。专业核查通过后，检查交付的非模型类文件是否齐全。

六、施工过程阶段

模型交付双方可根据工程实际需求，沟通后拟定各专业构件核查表，如表9-19 ~ 表9-23所示。

施工过程阶段土建专业构件核查表 表 9-19

序号	核查控制项	核查内容	核查结果	备注
1	场地布置（现场场地、临时设施、施工机械、道路、基坑围护等）	1）核查有无尺寸（或轮廓）、定位等几何信息，且表达正确		
		2）核查有无材料信息、机械设备参数、施工单位、运行维护信息等非几何信息，且表达正确		
2	场地周边（临近区域的既有建筑物、周边道路等）	1）核查有无尺寸（或轮廓）、定位等几何信息，且表达正确		
		2）核查有无周边建筑物设计参数、道路性能参数等非几何信息，且表达正确		
3	主体结构（基础、梁、板、柱、墙、屋面、楼梯、坡道等）	1）核查有无尺寸、定位等几何信息，且表达正确		
		2）核查有无材料信息、生产信息、构件属性信息、工艺工序信息、成本信息、质检信息等非几何信息，且表达正确		

续表

序号	核查控制项	核查内容	核查结果	备注
4	二次结构（构造柱、过梁、止水反梁、女儿墙、压顶、填充墙、隔墙等）	1）核查有无尺寸、定位等几何信息，且表达正确		
		2）核查有无材料信息、工艺工序信息、成本信息等非几何信息，且表达正确		
5	预制构件（梁、板、柱、墙、楼梯等）	1）核查有无尺寸、定位等几何信息，且表达正确		
		2）核查有无材料信息、生产信息、构件属性信息、工艺工序信息、成本信息、质检信息等非几何信息，且表达正确		
6	预埋构件（预埋件、预埋管、预埋螺栓等，以及预留孔洞）	1）核查有无尺寸、定位等几何信息，且表达正确		
		2）核查有无材料信息、生产信息、构件属性信息、成本信息、质检信息等非几何信息，且表达正确		
7	节点（构成节点的钢筋、混凝土，以及型钢、预埋件等）	1）核查有无尺寸、定位、排布等几何信息，且表达正确		
		2）核查有无材料信息、生产信息、构件属性信息、工艺工序信息、成本信息、质检信息等非几何信息，且表达正确		
8	门窗	1）核查有无尺寸、定位等几何信息，且表达正确		
		2）核查有无生产信息、成本信息、质量管理信息等非几何信息，且表达正确		
9	幕墙系统（支撑体系、嵌板体系、安装构件）	1）核查有无尺寸、定位等几何信息，且表达正确；幕墙系统应按最大轮廓建模为单一幕墙，不应在标高、房间分隔等处断开		
		2）核查有无成本信息、质量管理信息等非几何信息，且表达正确		
10	垂直交通设备（电梯、扶梯及附件）	1）核查有无尺寸、定位等几何信息，且表达正确		
		2）核查有无生产信息、成本信息、质量管理信息等非几何信息，且表达正确		
11	空间或房间	1）核查有无尺寸、定位、面积等几何信息，且表达正确		
		2）核查有无功能分区等非几何信息；且空间或房间宜标注为建筑面积，当确需标注为使用面积时，应在类型属性中标明使用面积		

施工过程阶段给水排水专业核查表 表 9-20

序号	核查控制项	核查内容	核查结果	备注
1	管道（所有给水排水管道及其管件、管道附件、保温层）	1）核查有无管径、壁厚、保温层材料厚度、预留孔洞位置和尺寸、平面定位、标高等几何信息，且表达正确		
		2）核查有无系统、类型、材料、敷设方式、立管编号、产品信息、安装信息等非几何信息，且表达正确		
2	控制与计量设备（阀门、水表、流量计、温度计、压力表等）	1）核查有无几何尺寸、平面定位、标高等几何信息，且表达正确		
		2）核查有无类型、规格、技术参数、产品信息、安装信息等非几何信息，且表达正确		
3	水泵与储水设备（锅炉、换热设备、水泵、水箱水池等设备模型及设备基础）	1）核查有无几何尺寸、平面定位、标高等几何信息，且表达正确		
		2）核查有无类型、规格、技术参数、产品信息、安装信息、荷载信息等非几何信息，且表达正确		
4	消防设备（消火栓、喷头、灭火器）	1）核查有无几何尺寸、平面定位、标高等几何信息，且表达正确		
		2）核查有无类型、规格、技术参数、产品信息、安装信息等非几何信息，且表达正确		
5	排水部件（地漏、清扫口）	1）核查有无几何尺寸、平面定位等几何信息，且表达正确		
		2）核查有无规格、产品信息、安装信息等非几何信息，且表达正确		
6	管道安装（支架和吊架）	1）核查有无几何尺寸、平面定位、标高等几何信息，且表达正确		
		2）核查有无类型（如型钢类型、管夹类型等）、材料、产品信息、安装信息等非几何信息，且表达正确		

施工过程阶段暖通空调专业核查表 表 9-21

序号	核查控制项	核查内容	核查结果	备注
1	风管（各系统所有风管及其风管管件、风管附件、保温层）	1）核查有无几何尺寸、平面定位、标高、保温层材料厚度、预留孔洞位置和尺寸等几何信息，且表达正确		
		2）核查有无系统、类型、材料、敷设方式、立管编号、产品信息、安装信息等非几何信息，且表达正确		
2	水管（所有空调水管及其管件、管道附件、保温层）	1）核查有无管径、壁厚、平面定位、标高、保温层材料厚度、预留孔洞位置和尺寸等几何信息，且表达正确		

序号	核查控制项	核查内容	核查结果	备注
2	水管（所有空调水管及其管件、管道附件、保温层）	2）核查有无系统、类型、材料、敷设方式、立管编号、产品信息、安装信息等非几何信息，且表达正确		
3	阀门、末端及其他部件［阀门、通风口（如散流器、百叶风口、排烟口等）、消声器、减振器、隔振器、阻尼器等部件］	1）核查有无几何尺寸、平面定位、标高等几何信息，且表达正确		
		2）核查有无规格、技术参数、末端编号、产品信息、安装信息等非几何信息，且表达正确		
4	设备［冷热源设备（如冷水机组、冷却塔、蒸发式冷气机、锅炉、热泵等）；空调设备（空调机组、风机盘管）；通风设备（通风机、净化设备）；补水装置（膨胀水箱或定压补水装置）、水泵，大型设备应补充设备基础］	1）核查有无几何尺寸、平面定位、标高等几何信息，且表达正确		
		2）核查有无规格、技术参数、编号、产品信息、安装信息、荷载信息等非几何信息，且表达正确		
5	管道安装（支架和吊架）	1）核查有无几何尺寸、平面定位、标高等几何信息，且表达正确		
		2）核查有无类型（如型钢类型、管夹类型等）、材料、产品信息、安装信息等非几何信息，且表达正确		

施工过程阶段电气专业核查表　　　　　　　表 9-22

序号	核查控制项	核查内容	核查结果	备注
1	输配电器材（封闭母线、电缆桥架或线槽的主要干线；各系统所有封闭母线、电缆桥架或线槽及其配件）	1）核查有无截面尺寸、平面定位、标高等几何信息，且表达正确		
		2）核查有无类型、材料、敷设方式、产品信息、安装信息，母线应包含规格信息等非几何信息，且表达正确		
2	照明设备［照明配电箱、照明灯具及其附件、通断开关及插座、照明配电桥架（线槽）等部件］	1）核查有无几何尺寸、平面定位、标高等几何信息，且表达正确		
		2）核查有无类型、材料、敷设方式、安装方式、技术参数、产品信息、安装信息等非几何信息，且表达正确		
3	弱电系统设备［弱电系统（包括消防自动报警系统、安防系统、通信系统、自动化控制系统）设备及其附件、弱电系统敷设桥架（线槽）等部件］	1）核查有无几何尺寸、平面定位、标高等几何信息，且表达正确		
		2）核查有无类型、材料、敷设方式、安装方式、技术参数、产品信息、安装信息等非几何信息，且表达正确		
4	供配电设备（配电成套柜、配电箱、变压器及配电元器件、发电机、备用电源、监控系统及辅助装置；大型设备基础）	1）核查有无几何尺寸、平面定位、标高等几何信息，且表达正确		
		2）核查有无型号、类型、材料、敷设方式、技术参数、产品信息、安装信息、荷载信息等非几何信息，且表达正确		

序号	核查控制项	核查内容	核查结果	备注
5	电缆、桥架等安装（支架和吊架）	1）核查有无几何尺寸、平面定位、标高等几何信息，且表达正确		
		2）核查有无类型（如型钢类型、管夹类型等）、材料、产品信息、安装信息等非几何信息，且表达正确且表达正确		

施工过程阶段精装修专业构件核查表　　　　　　表 9-23

序号	核查控制项	核查内容	核查结果	备注
1	卫生间（卫生洁具、水池、台、柜）	1）核查有无尺寸、定位等几何信息，且表达正确		
		2）核查有无材料信息、生产信息、构件属性信息、成本信息、质量管理信息等非几何信息，且表达正确		
2	固定家具（主要为碰撞检测分析）	1）核查有无尺寸、定位等几何信息，且表达正确		
		2）核查有无材料信息、生产信息、构件属性信息、成本信息、质量管理信息等非几何信息，且表达正确		
3	吊顶（龙骨、灯具、风口、烟感、喷淋、广播、检修口）	1）核查有无尺寸、定位等几何信息，且表达正确		
		2）核查有无材料信息、生产信息、构件属性信息、成本信息、质量管理信息等非几何信息，且表达正确		
4	隔断	1）核查有无尺寸、定位等几何信息，且表达正确		
		2）核查有无材料信息、生产信息、构件属性信息、成本信息、质量管理信息等非几何信息，且表达正确		
5	地面（示意性拼花、材料）	1）核查有无尺寸、定位等几何信息，且表达正确		
		2）核查有无材料信息、生产信息、构件属性信息、成本信息、质量管理信息等非几何信息，且表达正确		
6	墙面（插座、开关、通信、空调控制器、消防操控按钮、安全出口指示、机电末端）	1）核查有无尺寸、定位等几何信息，且表达正确		
		2）核查有无材料信息、生产信息、构件属性信息、成本信息、质量管理信息等非几何信息，且表达正确		
7	室内标识	1）核查有无尺寸、定位等几何信息，且表达正确		

序号	核查控制项	核查内容	核查结果	备注
7	室内标识	2）核查有无材料信息、生产信息、构件属性信息、成本信息、质量管理信息等非几何信息，且表达正确		
8	饰面层（内外墙的涂料、面砖等饰面层）	1）核查有无尺寸、定位等几何信息，且表达正确		
		2）核查有无材料信息、生产信息、构件属性信息等非几何信息，且表达正确		

注：凡是核查项通过者，均打"√"以示通过。核查项不通过的，均打"×"以示无法通过核查项，且在表后备注说明具体缘由，不得有空缺。模型交付双方可根据工程实际需求，增减核查控制项内容以及调整表格间距。专业核查通过后，检查交付的非模型类文件是否齐全。

七、竣工交付阶段

模型交付双方可根据工程实际需求，沟通后拟定各专业构件核查表，如表9-24 ~ 表9-28所示。

竣工交付阶段土建专业构件核查表 表 9-24

序号	核查控制项	核查内容	核查结果	备注
1	主体结构（基础、梁、板、柱、墙、屋面、楼梯、坡道等）	1）核查有无尺寸、定位等几何信息，且表达正确		
		2）核查有无材料信息、生产信息、构件属性信息、成本信息、质检信息等非几何信息，且表达正确		
2	二次结构（构造柱、过梁、止水反梁、女儿墙、压顶、填充墙、隔墙等）	1）核查有无尺寸、定位等几何信息，且表达正确		
		2）核查有无材料信息、成本信息、质检信息等非几何信息，且表达正确		
3	预制构件（梁、板、柱、墙、楼梯等）	1）核查有无尺寸、定位等几何信息，且表达正确		
		2）核查有无材料信息、生产信息、构件属性信息、成本信息、质检信息等非几何信息，且表达正确		
4	预埋构件（预埋件、预埋管、预埋螺栓等，以及预留孔洞）	1）核查有无尺寸、定位等几何信息，且表达正确		
		2）核查有无材料信息、生产信息、构件属性信息、成本信息、质检信息等非几何信息，且表达正确		
5	节点（构成节点的钢筋、混凝土，以及型钢、预埋件等）	1）核查有无尺寸、定位、排布等几何信息，且表达正确		

续表

序号	核查控制项	核查内容	核查结果	备注
5	节点（构成节点的钢筋、混凝土，以及型钢、预埋件等）	2）核查有无材料信息、生产信息、构件属性信息、成本信息、质检信息等非几何信息，且表达正确		
6	门窗	1）核查有无尺寸、定位、形状等几何信息，且表达正确		
		2）核查有无规格、型号、材质、防水防火性能、门窗及门窗五金件的厂商信息、安装信息等非几何信息，且表达正确		
7	幕墙系统（支撑体系、嵌板体系、安装构件）	1）核查有无尺寸、定位等几何信息，且表达正确；幕墙系统应按最大轮廓建模为单一幕墙，不应在标高、房间分隔等处断开		
		2）核查有无幕墙各构造层信息，包括编号、规格、材料以及防水、防火、保温、隔热等性能，和内嵌的门窗等非几何信息、安装信息等非几何信息，且表达正确		
8	垂直交通设备（电梯、扶梯及附件）	1）核查有无尺寸、定位等几何信息，且表达正确		
		2）核查有无厂商信息、梯速、扶梯角度、电梯交箱规格、特定使用功能（消防、无障碍、客货用）、联控方式、设备安装方式、安装信息等非几何信息，且表达正确		
9	空间或房间	1）核查有无尺寸、定位、面积等几何信息，且表达正确		
		2）核查有无功能分区等非几何信息；且空间或房间宜标注为建筑面积，当确需标注为使用面积时，应在类型属性中标明使用面积		

竣工交付阶段给水排水专业构件核查表　　　　表 9-25

序号	核查控制项	核查内容	核查结果	备注
1	管道（所有给水排水水管及其管件、管道附件、保温层）	1）核查有无管径、壁厚、保温材料厚度、预留孔洞位置和尺寸、平面定位、标高等几何信息，且表达正确		
		2）核查有无系统、类型、材料、敷设方式、立管编号、产品信息、安装信息等非几何信息，且表达正确		
2	控制与计量设备（阀门、水表、流量计、温度计、压力表等）	1）核查有无几何尺寸、平面定位、标高等几何信息，且表达正确		
		2）核查有无类型、规格、技术参数、产品信息、安装信息等非几何信息，且表达正确		

续表

序号	核查控制项	核查内容	核查结果	备注
3	水泵与储水设备（水泵、储水装置、压力容器、过滤设备、污水池等及大型设备基础）	1）核查有无几何尺寸、平面定位、标高、配套管件及阀件的空间定位信息等几何信息，且表达正确		
		2）核查有无类型、规格、技术参数、产品信息、安装信息、荷载信息等非几何信息，且表达正确		
4	消防设备（消火栓、喷头、灭火器等）	1）核查有无几何尺寸、平面定位、标高、配套管件及阀件的空间定位信息等几何信息，且表达正确		
		2）核查有无类型、规格、技术参数、产品信息、安装信息等非几何信息，且表达正确		
5	排水部件（地漏、清扫口）	1）核查有无几何尺寸、平面定位、标高等几何信息，且表达正确		
		2）核查有无规格、产品信息、安装信息等非几何信息，且表达正确		
6	管道安装（管道支架和吊架）	1）核查有无几何尺寸、平面定位、标高等几何信息，且表达正确		
		2）核查有无类型（如型钢类型、管夹类型等）、材料、产品信息、安装信息等非几何信息，且表达正确		

竣工交付阶段暖通空调专业构件核查表　　　　表 9-26

序号	核查控制项	核查内容	核查结果	备注
1	风管（各系统所有风管及其风管管件、风管附件、保温层）	1）核查有无截面尺寸、平面定位、标高、安装间距、保温材料厚度、预留孔洞位置和尺寸等几何信息，且表达正确		
		2）核查有无系统、类型、材料、敷设方式、立管编号、产品信息、安装信息等非几何信息，且表达正确		
2	水管（所有空调水管及其管件、管道附件、保温层）	1）核查有无管径、壁厚、平面定位、标高、安装间距、保温材料厚度、预留孔洞位置和尺寸等几何信息，且表达正确		
		2）核查有无系统、类型、材料、敷设方式、立管编号、产品信息、安装信息等非几何信息，且表达正确		
3	阀门、末端其他部件［阀门、通风口（如散流器、百叶风口、排烟口等）、消声器、减振器、隔振器、阻尼器等部件］	1）核查有无几何尺寸、平面定位、标高等几何信息，且表达正确		
		2）核查有无规格、技术参数、末端编号、产品信息、安装信息等非几何信息，且表达正确		

序号	核查控制项	核查内容	核查结果	备注
4	设备［冷热源设备（如冷水机组、冷却塔、蒸发式冷气机、锅炉、热泵）；空调设备（空调机组、风机盘管）；通风设备（通风机、净化设备）；补水装置（膨胀水箱或定压补水装置）、水泵，大型设备应补充设备基础］	1）核查有无几何尺寸、平面定位、标高等几何信息，且表达正确		
		2）核查有无规格、技术参数、编号、产品信息、安装信息、荷载信息等非几何信息，且表达正确		
5	管道安装（管道支架和吊架）	1）核查有无几何尺寸、平面定位、标高等几何信息，且表达正确		
		2）核查有无类型（如型钢类型、管夹类型等）、材料、产品信息、安装信息等非几何信息，且表达正确		

竣工交付阶段电气专业构件核查表 表 9-27

序号	核查控制项	核查内容	核查结果	备注
1	输配电器材（各系统所有封闭母线、电缆桥架或线槽及其配件）	1）核查有无截面尺寸、平面定位、标高等几何信息，且表达正确		
		2）核查有无类型、材料、敷设方式、产品信息、安装信息，母线应包含规格信息等非几何信息，且表达正确		
2	照明设备［照明配电箱、照明灯具及其附件、通断开关及插座、照明配电桥架（线槽）等部件］	1）核查有无几何尺寸、平面定位、标高等几何信息，且表达正确		
		2）核查有无类型、材料、敷设方式、安装方式、技术参数、产品信息、安装信息等非几何信息，且表达正确		
3	弱电系统设备［弱电系统（包括消防自动报警系统、安防系统、通信系统、自动化控制系统）设备及其附件、弱电系统敷设桥架（线槽）等部件］	1）核查有无几何尺寸、平面定位、标高等几何信息，且表达正确		
		2）核查有无类型、材料、敷设方式、安装方式、技术参数、产品信息、安装信息等非几何信息，且表达正确		
4	供配电设备（配电成套柜、配电箱、变压器及配电元器件、发电机、备用电源、监控系统及辅助装置；大型设备基础）	1）核查有无几何尺寸、平面定位、标高等几何信息，且表达正确		
		2）核查有无型号、类型、材料、敷设方式、技术参数、产品信息、安装信息、荷载信息等非几何信息，且表达正确		
5	电缆、桥架等安装（支架和吊架）	1）核查有无几何尺寸、平面定位、标高等几何信息，且表达正确		
		2）核查有无类型（如型钢类型、管夹类型等）、材料、产品信息、安装信息等非几何信息，且表达正确		

竣工交付阶段精装修专业构件核查表　　　　　表 9-28

序号	核查控制项	核查内容	核查结果	备注
1	卫生间（卫生洁具、水池、台、柜）	1）核查有无尺寸、定位等几何信息，且表达正确		
		2）核查有无厂商信息、型号、编号、用途非几何信息，且表达正确		
2	固定家具（主要为碰撞检测分析）	1）核查有无尺寸、定位等几何信息，且表达正确		
		2）核查有无厂商信息、型号、编号、用途非几何信息，且表达正确		
3	吊顶（龙骨、灯具、风口、烟感、喷淋、广播、检修口）	1）核查有无尺寸、定位、高度等几何信息，且表达正确		
		2）核查有无厂商信息、型号、编号、用途非几何信息，且表达正确		
4	隔断	1）核查有无尺寸、定位等几何信息，且表达正确		
		2）核查有无厂商信息、型号、编号、用途非几何信息，且表达正确		
5	地面（示意性拼花、材料）	1）核查有无尺寸、定位等几何信息，且表达正确		
		2）核查有无厂商信息、型号、编号、用途非几何信息，且表达正确		
6	墙面（插座、开关、通信、空调控制器、消防操控按钮、安全出口指示、机电末端）	1）核查有无尺寸、定位、高度等几何信息，且表达正确		
		2）核查有无厂商信息、型号、编号、用途非几何信息，且表达正确		
7	室内标识	1）核查有无尺寸、定位等几何信息，且表达正确		
		2）核查有无厂商信息、型号、编号、用途非几何信息，且表达正确		
8	饰面层（内外墙的涂料、面砖等饰面层）	1）核查有无尺寸、定位等几何信息，且表达正确		
		2）核查有无厂商信息、型号、编号、用途非几何信息，且表达正确		

注：凡是核查项通过者，均打"√"以示通过。核查项不通过的，均打"×"以示无法通过核查项，且在表后备注说明具体缘由，不得有空缺。模型交付双方可根据工程实际需求，增减核查控制项内容以及调整表格间距。专业核查通过后，检查交付的非模型类文件是否齐全。

八、运营维护阶段

模型交付双方可根据工程实际需求，沟通后拟定各专业构件核查表，如表9-29～表9-33所示。

运营维护阶段土建构件核查表 表 9-29

序号	核查控制项	核查内容	核查结果	备注
1	场地周边（临近区域的既有建筑物、周边道路等）	1）核查有无尺寸（或轮廓）、定位等几何信息，且表达正确		
		2）核查有无周边建筑物设计参数、道路性能参数等非几何信息，且表达正确		
2	主体结构（基础、梁、板、柱、墙、屋面、楼梯、坡道等）	1）核查有无尺寸、定位等几何信息，且表达正确		
		2）核查有无材料信息、生产信息、构件属性信息、工艺工序信息、成本信息、质检信息等非几何信息，且表达正确		
3	二次结构（构造柱、过梁、止水反梁、女儿墙、压顶、填充墙、隔墙等）	1）核查有无尺寸、定位等几何信息，且表达正确		
		2）核查有无材料信息、工艺工序信息、成本信息等非几何信息，且表达正确		
4	预制构件（梁、板、柱、墙、楼梯等）	1）核查有无尺寸、定位等几何信息，且表达正确		
		2）核查有无材料信息、生产信息、构件属性信息、工艺工序信息、成本信息、质检信息等非几何信息，且表达正确		
5	预埋构件（预埋件、预埋管、预埋螺栓等，以及预留孔洞）	1）核查有无尺寸、定位等几何信息，且表达正确		
		2）核查有无材料信息、生产信息、构件属性信息、成本信息、质检信息等非几何信息，且表达正确		
6	节点（构成节点的钢筋、混凝土，以及型钢、预埋件等）	1）核查有无尺寸、定位、排布等几何信息，且表达正确		
		2）核查有无材料信息、生产信息、构件属性信息、工艺工序信息、成本信息、质检信息等非几何信息，且表达正确		
7	门窗	1）核查有无尺寸、定位等几何信息，且表达正确		
		2）核查有无生产信息、质量管理信息、产品信息、设备管理信息、维保信息、人员及工单信息等非几何信息，且表达正确		
8	幕墙系统（支撑体系、嵌板体系、安装构件）	1）核查有无尺寸、定位等几何信息，且表达正确；幕墙系统应按最大轮廓建模为单一幕墙，不应在标高、房间分隔等处断开		
		2）核查有无成本信息、质量管理信息等非几何信息，且表达正确		
9	垂直交通设备（电梯、扶梯及附件）	1）核查有无尺寸、定位等几何信息，且表达正确		

序号	核查控制项	核查内容	核查结果	备注
9	垂直交通设备（电梯、扶梯及附件）	2）核查有无生产信息、质量管理信息、产品信息、设备管理信息、维保信息、人员及工单信息等非几何信息，且表达正确		
10	空间或房间	1）核查有无尺寸、定位、面积等几何信息，且表达正确		
		2）核查有无功能分区等非几何信息；且空间或房间宜标注为建筑面积，当确需标注为使用面积时，应在类型属性中标明使用面积		

运营维护阶段给水排水专业构件核查表　　　　　　　表 9-30

序号	核查控制项	核查内容	核查结果	备注
1	管道（所有给水排水管道及其管件、管道附件、保温层）	1）核查有无管径、壁厚、保温层材料厚度、预留孔洞位置和尺寸、平面定位、标高等几何信息，且表达正确		
		2）核查有无系统、类型、规格、敷设方式、立管编号、安装信息、运营管理信息和维护保养信息等非几何信息，且表达正确		
2	控制与计量设备（阀门、水表、流量计、温度计、压力表等）	1）核查有无几何尺寸、平面定位、标高等几何信息，且表达正确		
		2）核查有无类型、规格、技术参数、产品信息、安装信息、运营管理信息和维护保养信息、文档信息等非几何信息，且表达正确		
3	水泵与储水设备（锅炉、换热设备、水泵、水箱水池等设备模型及设备基础）	1）核查有无几何尺寸、平面定位、标高等几何信息，且表达正确		
		2）核查有无类型、规格、技术参数、产品信息、安装信息、荷载信息、运营管理信息和维护保养信息、文档信息等非几何信息，且表达正确		
4	消防设备（消火栓、喷头、灭火器）	1）核查有无几何尺寸、平面定位、标高等几何信息，且表达正确		
		2）核查有无类型、规格、技术参数、产品信息、安装信息、运营管理信息和维护保养信息、文档信息等非几何信息，且表达正确		
5	排水部件（地漏、清扫口）	1）核查有无几何尺寸、平面定位等几何信息，且表达正确		
		2）核查有无规格、产品信息、安装信息、运营管理信息和维护保养信息等非几何信息，且表达正确		
6	管道安装（支架和吊架）	1）核查有无几何尺寸、平面定位、标高等几何信息，且表达正确		
		2）核查有无类型（如型钢类型、管夹类型等）、材料、产品信息、安装信息、运营管理信息和维护保养信息等非几何信息，且表达正确		

运营维护阶段暖通空调专业核查表　　　　表 9-31

序号	核查控制项	核查内容	核查结果	备注
1	风管（各系统所有风管及其风管管件、风管附件、保温层）	1）核查有无截面尺寸、平面定位、标高、保温层材料和厚度、预留孔洞位置和尺寸等几何信息，且表达正确		
		2）核查有无系统、类型、材料、敷设方式、立管编号、产品信息、安装信息、运营管理信息和维护保养信息等非几何信息，且表达正确		
2	水管（所有空调水管及其管件、管道附件、保温层）	1）核查有无管径、壁厚、平面定位、标高、保温层材料和厚度、预留孔洞位置和尺寸等几何信息，且表达正确		
		2）核查有无系统、类型、材料、敷设方式、立管编号、产品信息、安装信息、运营管理信息和维护保养信息等非几何信息，且表达正确		
3	阀门、末端其他部件［阀门、通风口（如散流器、百叶风口、排烟口等）、消声器、减振器、隔振器、阻尼器等部件］	1）核查有无几何尺寸、平面定位、标高等几何信息，且表达正确		
		2）核查有无规格、技术参数、末端编号、产品信息、安装信息、运营管理信息和维护保养信息等非几何信息，且表达正确		
4	设备［冷热源设备（如冷水机组、冷却塔、蒸发式冷气机、锅炉、热泵等）；空调设备（空调机组、风机盘管）；通风设备（通风机、净化设备）；补水装置（膨胀水箱或定压补水装置）、水泵，大型设备应补充设备基础］	1）核查有无几何尺寸、平面定位、标高等几何信息，且表达正确		
		2）核查有无规格、技术参数、编号、产品信息、安装信息、荷载信息、运营管理信息和维护保养信息、文档信息等非几何信息，且表达正确		
5	管道安装（支架和吊架）	1）核查有无几何尺寸、平面定位、标高等几何信息，且表达正确		
		2）核查有无类型（如型钢类型、管夹类型等）、材料、产品信息、安装信息、运营管理信息和维护保养信息等非几何信息，且表达正确		

运营维护阶段电气专业核查表　　　　表 9-32

序号	核查控制项	核查内容	核查结果	备注
1	输配电器材（封闭母线、电缆桥架或线槽的主要干线；各系统所有封闭母线、电缆桥架或线槽及其配件）	1）核查有无截面尺寸、平面定位、标高等几何信息，且表达正确		
		2）核查有无类型、材料、敷设方式、产品信息、安装信息，母线应包含规格信息、运营管理信息和维护保养信息等非几何信息，且表达正确		
2	照明设备［照明配电箱、照明灯具及其附件、通断开关及插座、照明配电桥架（线槽）等部件］	1）核查有无几何尺寸、平面定位、标高等几何信息，且表达正确		

续表

序号	核查控制项	核查内容	核查结果	备注
2	照明设备［照明配电箱、照明灯具及其附件、通断开关及插座、照明配电桥架（线槽）等部件］	2）核查有无类型、材料、敷设方式、安装方式、技术参数、产品信息、安装信息、运营管理信息和维护保养信息、文档信息等非几何信息，且表达正确		
3	弱电系统设备［弱电系统（包括消防自动报警系统、安防系统、通信系统、自动化控制系统）设备及其附件、弱电系统敷设桥架（线槽）等部件］	1）核查有无几何尺寸、平面定位、标高等几何信息，且表达正确		
		2）核查有无类型、材料、敷设方式、安装方式、技术参数、产品信息、安装信息、运营管理信息和维护保养信息、文档信息等非几何信息，且表达正确		
4	供配电设备（配电成套柜、配电箱、变压器及配电元器件、发电机、备用电源、监控系统及辅助装置；大型设备基础）	1）核查有无几何尺寸、平面定位、标高等几何信息，且表达正确		
		2）核查有无型号、类型、材料、敷设方式、技术参数、产品信息、安装信息、荷载信息、运营管理信息和维护保养信息、文档信息等非几何信息，且表达正确		
5	电缆、桥架等安装（支架和吊架）	1）核查有无几何尺寸、平面定位、标高等几何信息，且表达正确		
		2）核查有无类型（如型钢类型、管夹类型等）、材料、产品信息、安装信息、运营管理信息和维护保养信息等非几何信息，且表达正确		

运营维护阶段精装修专业核查表　　　　　　　　表 9-33

序号	核查控制项	核查内容	核查结果	备注
1	卫生间（卫生洁具、水池、台、柜）	1）核查有无尺寸、定位等几何信息，且表达正确		
		2）核查有无材料信息、生产信息、构件属性信息、质量管理信息、产品信息、设备管理信息、维保信息、人员及工单信息等非几何信息，且表达正确		
2	固定家具（主要为碰撞检测分析）	1）核查有无尺寸、定位等几何信息，且表达正确		
		2）核查有无材料信息、生产信息、构件属性信息、质量管理信息、产品信息、设备管理信息、维保信息、人员及工单信息等非几何信息，且表达正确		
3	吊顶（龙骨、灯具、风口、烟感、喷淋、广播、检修口）	1）核查有无尺寸、定位等几何信息，且表达正确		
		2）核查有无材料信息、生产信息、构件属性信息、质量管理信息、产品信息、设备管理信息、维保信息、人员及工单信息等非几何信息，且表达正确		
4	隔断	1）核查有无尺寸、定位等几何信息，且表达正确		
		2）核查有无材料信息、构件属性信息、成本信息、质量管理信息等非几何信息，且表达正确		

序号	核查控制项	核查内容	核查结果	备注
5	地面（示意性拼花、材料）	1）核查有无尺寸、定位等几何信息，且表达正确		
		2）核查有无材料信息、生产信息、构件属性信息、成本信息、质量管理信息等非几何信息，且表达正确		
6	墙面（插座、开关、通信、空调控制器、消防操控按钮、安全出口指示、机电末端）	1）核查有无尺寸、定位等几何信息，且表达正确		
		2）核查有无材料信息、生产信息、构件属性信息、质量管理信息、产品信息、设备管理信息、维保信息、人员及工单信息等非几何信息，且表达正确		
7	室内标识	1）核查有无尺寸、定位等几何信息，且表达正确		
		2）核查有无材料信息、生产信息、构件属性信息、质量管理信息、产品信息、设备管理信息、维保信息、人员及工单信息等非几何信息，且表达正确		
8	饰面层（内外墙的涂料、面砖等饰面层）	1）核查有无尺寸、定位等几何信息，且表达正确		
		2）核查有无材料信息、生产信息、构件属性信息等非几何信息，且表达正确		

注：凡是核查项通过者，均打"√"以示通过。核查项不通过的，均打"×"以示无法通过核查项，且在表后备注说明具体缘由，不得有空缺。模型交付双方可根据工程实际需求，增减核查控制项内容以及调整表格间距。专业核查通过后，检查交付的非模型类文件是否齐全。

九、改扩建拆除阶段

模型交付双方可根据工程实际需求，沟通后拟定模型构件核查表，如表9-34所示。

改扩建拆除阶段模型构件核查表　　　　　　　　表9-34

序号	核查控制项	核查内容	核查结果	备注
1	地形地貌	1）核查有无定位、标高等几何信息，且表达正确		
		2）核查有无材质、区域气象、水文地质条件等非几何信息，且表达正确		
2	道路交通	1）核查有无尺寸、定位、形状等几何信息，且表达正确		
		2）核查有无材质等非几何信息，且表达正确		
3	地面建筑物	1）核查有无尺寸（或轮廓）、定位等几何信息，且表达正确		
		2）核查有无编号、房屋基本信息、材料、混凝土结构配筋信息等非几何信息，且表达正确		
4	地下建筑（城市生命管线、窨井、雨水井、城市地下轨道交通车站区间、地下室）	1）核查有无尺寸、定位等几何信息，且表达正确		
		2）核查有无编号、型号、类型、用途、材料、混凝土结构配筋信息等非几何信息，且表达正确		

序号	核查控制项	核查内容	核查结果	备注
5	公共设备（电线杆、变压器等）	1）核查有无尺寸（或轮廓）、定位等几何信息，且表达正确		
		2）核查有功能等非几何信息，且表达正确		
6	历史保护性建筑或者构筑物	1）核查有无尺寸（或轮廓）、定位等几何信息，且表达正确		
		2）核查有材质、功能等非几何信息，且表达正确		

注：凡是核查项通过者，均打"√"以示通过。核查项不通过的，均打"×"以示无法通过核查项，且在表后备注说明具体缘由，不得有空缺。模型交付双方可根据工程实际需求，增减核查控制项内容以及调整表格间距。专业核查通过后，检查交付的非模型类文件是否齐全。

第三篇

BIM应用工程案例分析

第十章 韶关印雪精舍旅游配套设施项目 BIM施工一体化技术应用

第一节 项目概况

印雪精舍项目位于韶关市莞韶工业园内，共有38栋建筑物，其中1～4号楼为配套公建，5号楼为办公楼，6～15号楼组成办公组团一，16～27号楼组成办公组团二，28～37号楼组成办公组团三，38号楼为主入口门卫室。总建筑面积25611m²，其中地上建筑面积23710m²，地下建筑面积1901m²。本项目多为两层单体建筑，单体建筑面积小，户型种类多，空间关系复杂，错层多，部分单体为异型结构。设有办公空间、报告厅、多功能厅、特色餐厅、架空空间、局部设高架道路和绿地种植层等（图10-1）。

图 10-1　韶关印雪精舍旅游配套设施项目效果图

第二节 建模规则

一、基本规定

（1）为方便出图及与施工现场对接，项目中所有模型采用统一的单位，平面视图中长度单位采用mm，立面及剖面视图中长度单位采用m。其他采用单位如下：面积，

m^2；体积，m^3；角度，°；坡度，°。

（2）模型文件命名统一为：项目简称_建筑编号_专业_楼层。

注：

1）项目简称：按照简洁明了的原则对项目名称进行简化，如韶关印雪精舍旅游配套设施项目简称印雪；

2）建筑编号：按照项目实际情况对建筑进行编号，如5号楼简称5#；

3）专业：可按模型属性进行分类，如建筑、结构、机电（水、暖、电）、精装等，各专业分别用代码表示（AR，建筑；ST，结构；DC，精装；AC，暖通；PD，给水排水；FS，消防水；FA，消防电；EL，强电；ELV，弱电等）；

4）楼层：根据模型所在位置进行命名，如基础、1F、2F、3F、屋顶等（如模型无拆分，此项为空）。

（3）为保证各专业模型的准确度，各专业模型均采用同一个轴网文件，结构模型在轴网文件的基础上设置结构标高，建筑模型在轴网文件的基础上设置建筑标高，机电模型采用建筑标高。

（4）各专业模型应根据建筑体量大小决定是否拆分，例如5号楼单层面积较大，如将所有楼层模型建立在一个模型文件中，对设备硬件要求较高，对建模效率有一定影响，故按楼层将模型拆分为基础、1F、2F、3F及屋顶；组团一、二、三中各建筑单体体量较小，故各层模型建立在同一个模型文件中，有利于提高建模效率。

注：因建模过程中一些无关信息会添加到模型中（如与模型无关的族、注释、链接模型及图纸等），在模型交付时需将这些无关信息清除，以减小模型文件大小，便于传输流转。

二、土建模型建模规则

（1）在建立土建模型前，首先建立建筑及结构标高，建筑标高统一格式为：建筑编号_AR_楼层号（标高），如5#_AR_2F（3.600）；结构标高统一格式为：建筑编号_ST_楼层号（标高），如5#_ST_2F（3.550）。各土建构件要根据其所处位置选择相应的标高。

（2）土建构件命名

构件命名规则如下：

1）建筑墙：建筑墙_厚度（mm），如建筑墙_120mm，根据需要可添加墙体材质；

2）结构墙：结构墙_厚度（mm），如结构墙_120mm，墙体材质统一为"现场浇筑混凝土"；

3）结构柱：根据结构柱外轮廓可分为：矩形柱、T形柱、L形柱及异形柱等。结构柱名称应能清晰地显示出柱体外轮廓，如矩形柱_300×500；L形柱_200×300 ~ 200×400；T形柱_200×600 ~ 200×800等。柱体材质统一为"现场浇筑混凝土"；

4）结构梁：应根据混凝土梁使用类型对其进行命名并注明详细尺寸信息，如KL_200×500，LL_200×400等，梁材质统一为"现场浇筑混凝土"；

5）板：板的命名应体现模型类别及属性，如建筑板_100mm、结构板_120mm等。建筑楼板可根据实际需要添加相应的材质，结构楼板材质统一为"现场浇筑混凝土"；

6）其他构件如女儿墙、坡道、楼梯等，其命名应能清楚地表现出构件的类别、外形或序号等。

（3）土建模型中各构件位置及标高应与施工图保持一致，如结构板的升降、结构梁的上翻等，在构件属性中标高信息应确保准确无误。

当楼板需要开洞时，应保证洞口的大小及方向正确。

三、机电模型建模规则

（1）机电各专业模型采用建筑轴网及标高建模。

（2）机电模型应分为给水排水、暖通、电气三个专业建模，如建筑体量大或模型复杂，可将模型继续细分，如给水排水专业可分为给水系统、排水系统、喷淋系统、消火栓系统等，以使建模过程简单，降低对设备硬件的要求。

（3）机电各专业构件名称统一为：专业代码_管道材质，如PD_钢塑复合管。

（4）在管件属性中应选择正确的系统类型并对不同系统添加不同颜色以便于区分。

（5）机电管线BIM模型应完整、连接正确，避免出现假接情况的发生。

（6）机电管线的类型、系统命名应与施工图保持一致。

（7）管件附件应根据施工图及甲方要求选择合适的族文件，如阀门、法兰、机房设备等，便于工程量统计。

（8）在管线综合模型中，一般管线模型排布原则；有压管道让无压管道，小管线让大管线，施工简单的避让施工难度大的；小管道避让大管道；冷水管道避让热水管道；附件少的管道避让附件多的管道；临时管道避让永久管道。

（9）垂直面排列管道原则：

热介质管道在上，冷介质在下；无腐蚀介质管道在上，腐蚀介质管道在下；气体介质管道在上，液体介质管道在下；保温管道在上，不保温管道在下；高压管道在上，低压管道在下；金属管道在上，非金属管道在下；不经常检修管道在上，经常检修的管道在下。

（10）管线间距原则：

管线与管线间的间距：50～200mm；管线与墙体的间距：100～200mm；直段风管距墙距离最小150mm；管线与结构梁的间距：50～150mm。

管线综合排布还要遵循美观、符合实际及便于出图的原则。

四、其他模型建模规则

精装修、木结构等模型的建立与土建模型类似，构件名称要简洁明了，位置信息要准确。

第三节　项目策划阶段BIM应用

为了使BIM技术在项目中得到充分应用，首先应根据项目的具体情况制定符合项目的BIM技术标准，如BIM建模标准、问题协调管理标准等，防止各项目参与方因标准不一而产生误解；然后需要制定详细的BIM实施方案，明确项目各参与方在推进BIM技术在项目上实施的不同阶段的不同职责，使各方能协调有序地开展工作；其次根据项目的实际需要对某项具体内容制定详细的策划，例如，土方平衡策划、BIM应用策划、BIM成本策划等。项目策划阶段BIM应用情况如下。

一、土方平衡策划

在传统施工模式下，想利用测绘电子地形图来完成土方平衡周转策划是相当困难的，主要是CAD里面的数据不具有动态更新的特性，图纸每次修改都需要重新计算土方开挖量。在印雪精舍项目中，基于BIM技术的土方平衡，可以在施工过程中不断地进行动态调整，使得原来粗放的土方调配策划逐渐细化至土方工程量明细表。通过与传统的方格网算量对比，发现基于BIM技术完成的土方算量与其相差在2%以内，但是BIM土方算量带来的经济效益，前瞻性却是巨大的（图10-2）。

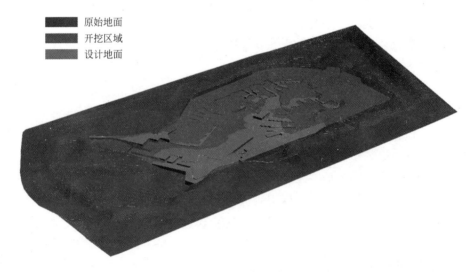

■ 原始地面
■ 开挖区域
■ 设计地面

图 10-2　土方平衡模型

二、图纸问题

在传统的工作模式中，设计师依托CAD软件在二维模式下进行施工图纸的绘制，图纸包含的内容往往需要设计师在"头脑中想象出来"，然后通过CAD，绘制二维图纸。这种工作模式下，往往因为设计师考虑的不周全，导致图纸出现问题。通过BIM软件，设计师可在三维模式下进行工作，实现"所见即所得"，解放了设计师的大脑，使之更专注于专业问题的解决（图10-3 ~ 图10-5）。

三、创建全专业BIM模型

BIM模型是BIM应用的基础，具有可视化、协调性、模拟性、优化性及可出图性等

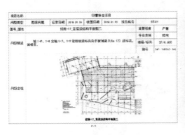

图 10-3　图纸问题　　　　图 10-4　模型问题　　　　图 10-5　模型优化

特点。根据项目 CAD 图纸，建立全专业 BIM 模型，通过 BIM 模型，在施工前及时发现设计中存在的问题，排除施工环节中可能遇到的问题，减少由此产生的费用，提高施工现场的生产效率，降低因施工协调造成的成本增加和工期延误的风险。BIM 模型精度需达到 LOD300，内容涵盖：

（1）三维场地模型。根据总平面布置图，建立三维场地模型，对现场布置进行可视化展示，为临时道路规划、机械设备布置提供优化方案。

（2）建筑专业模型。主要内容包括墙体（墙体分为承重墙和非承重墙，能准确反映出各种墙厚及位置）、门窗（各种门窗准确位置，洞口大小与施工图符合）、楼梯等。

（3）结构专业模型。主要包括梁、板、柱、墙等（含梁、柱、墙上的结构预留洞。所有结构构件及元素需尺寸、定位准确）。

（4）机电专业模型。主要内容包括公共区域、设备夹层、走廊过道等区域的管道以及管线上的主要附件等，包括给水排水、空调水、空调通风、排烟、消防和电气等相关专业。设备机电模型包括 DN50 以上管径的管道、管件、附件，单边尺寸 50mm 以上的桥架或风管模型构件。房间内部喷淋管道、与设备连接的空调水等毛细支管、电气线缆、线管、照明设备、开关插座等一般不做考虑（图 10-6 ~ 图 10-10）。

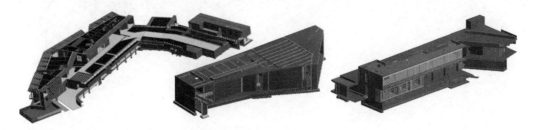

图 10-6　1 ~ 3 号楼土建模型

图 10-7　5 号楼土建模型

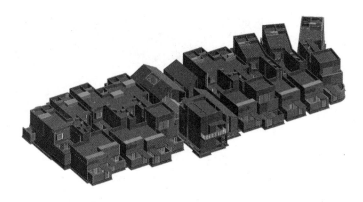

图 10-8　组团一土建模型

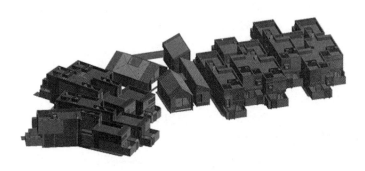

图 10-9　组团三土建模型

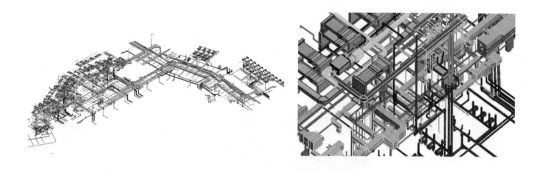

图 10-10　机电 BIM 模型

第四节　设计阶段BIM应用

在设计前期根据建设单位要求提出 BIM 模型的技术要求。主要实现模型深化、净空分析、碰撞检查、钢筋深化、光照分析、机电预留预埋深化、管线综合优化、二次结构深化等工作。在此过程中跟踪模型创建进展，并对设计阶段模型进行深度和质量审查，最后组织模型的验收。设计阶段BIM应用情况如下。

一、BIM三维校核及碰撞检测

基于BIM技术进行碰撞检查，发现原设计中的"错缺碰漏"，及时组织和协调各专业沟通解决图纸问题。建筑和结构两个专业模型搭建完成后，进行全面的建筑/结构"三维校核"，以确保图纸的准确度和正确性。建筑、结构、机电全专业模型搭建完成后，进行全面的建筑/结构和管线间的"三维校核"及碰撞检查，以确保图纸准确度和正确性，基本消除施工阶段因图纸问题导致的变更和返工。BIM模型达到施工图精度，可以通过BIM模型展示项目，进行施工图交底、会审等。

在项目管理过程中，使用BIM技术完成了机电管线与土建模型之间的碰撞检查，提前发现设计不合理的地方，并保证了机电管线的整体性、协调性和易用性。在本项目中利用BIM技术一共发现了120余处碰撞问题（包括土建模型与机电模型间的碰撞，也包括机电各专业模型间的碰撞），避免项目经济损失达40余万元（图10-11 ~ 图10-13）。

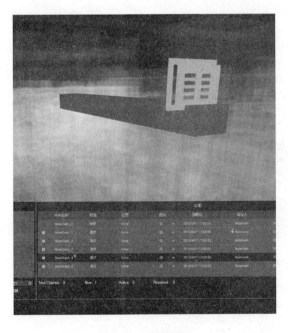

图 10-11　碰撞检查

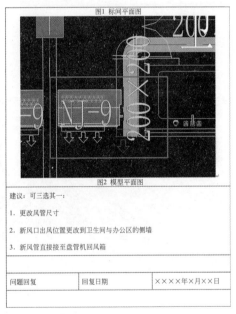

图 10-12　问题报告

二、净空分析

以项目的5号楼B1层为例，按照设计要求其净高需达到2400mm，但是在施工图建模的过程中，发现其净高为2300mm。通过不断地调整优化，将B1层的走道净高调整为2450mm，比原设计净高要求高出50mm。对整个项目200余处进行了净空分析，其中净空优化区域达25处（图10-14 ~ 图10-16）。

图 10-13　管线综合优化

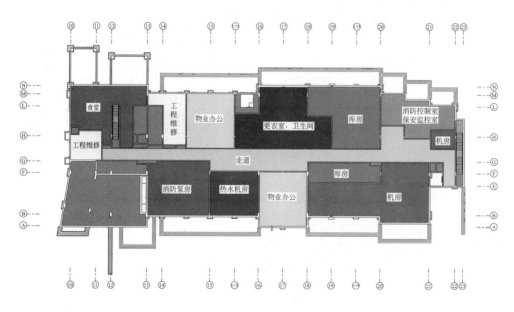

图 10-14　5 号楼 B1 层（平面图）

三、BIM 三维辅助管线综合

根据施工图建立机电模型后，发现各专业碰撞严重，存在近 60 个碰撞问题，而且管线安装不符合规范要求，在与设计、施工单位沟通后，确定出管线排布方案，并按照机电建模规则对 BIM 机电模型进行调整优化，提前解决各专业的碰撞问题，达到管线优化的效果（图 10-17）。

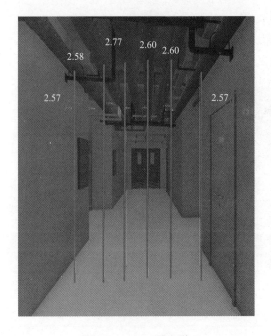

图 10-15　B1 层走道　　　　　　　图 10-16　B1 层消防泵房

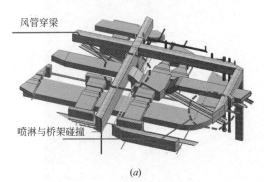

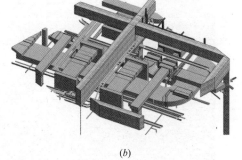

(a)　　　　　　　　　　　　　　　(b)

图 10-17　辅助管线综合
(a)优化前；(b)优化后

四、机电预留预埋深化

原有的机电图纸未考虑管线的协调，往往很难指导现场施工。利用BIM技术对机电管线综合优化后，可以得到精确的机电预留预埋深化设计图，图纸上能清楚地显示出预留洞口及预埋套管，地下部分及地上埋于混凝土结构内的机电、消防、弱电之套管、线管、线槽、底盒提供、预埋及孔洞预留以及全部防雷接地工程（图10-18、图10-19）。

图 10-18　管线综合模型

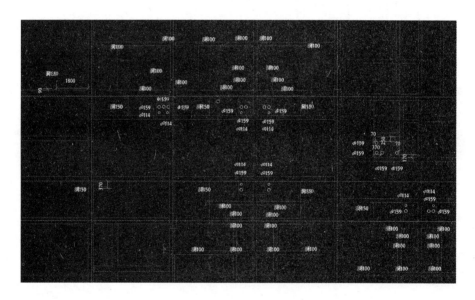

图 10-19　机电预留预埋出图

五、二次结构深化

在本项目中，利用 Revit 完后砌体工艺样板的制作，主要包括马牙槎、顶层斜砌砖、砌筑方法及灰缝的要点，并完成砌体工艺施工技术交底卡制作，对现场管理人员以及砌体劳务队伍进行施工技术交底。基于 BIM 技术完成二次结构模型的创建，根据砌体参数来深化每一扇砌体墙的排版，能精确地统计出每扇墙体的砌块数量，并对每扇墙体的砌筑工艺进行可视化展示，能帮助施工人员提高对施工工艺的理解（图 10-20）。

图 10-20 二次结构深化

六、复杂节点辅助出图

基于优化、深化后的模型，针对工程异型区域、错层区域或复杂部位 BIM 模型进行剖切，生成诸如管线综合平面图、关键部位的剖（断）面图等二维图纸，以帮助各方参与人员理解施工的重点、难点，从而能够事先做出合理的施工方案，大幅度减少施工阶段可能出现的调整和洽商，节约施工成本，为施工提供有力支持（图 10-21）。

走道转角复杂节点   走道复杂节点视图   机电预留预埋出图

图 10-21 BIM 技术二维出图

七、支吊架深化设计

基于 BIM 的机电管线综合优化需要考虑后期维护以及联合支吊架安装的最低空间要求。支吊架的深化设计不仅需要考虑实际现场机电管线的安装顺序，还要满足设计最低净空高度的要求，保证足够的维护检修空间以及联合支架的经济性，布置过密则成本过高，布置过于稀疏，则无法满足管线承重的要求。为确定支吊架设计的合理性，直接利用 Revit 模型提供支吊架参数完成受力计算（图 10-22）。

  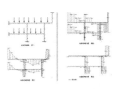

支吊架深化设计   支吊架设计出图   支吊架结构设计计算

图 10-22 综合支吊架设计

八、钢筋深化

本项目采用 BIM 钢筋软件完成钢筋三维模型的创建，基于钢筋模型完成的技术交底达到15次，极大地提高了钢筋安装的工程质量（图10-23）。

结构设计图纸

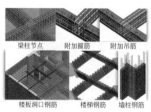
梁柱节点　附加箍筋　附加吊筋
楼板洞口钢筋　楼梯钢筋　墙柱钢筋
钢筋节点深化

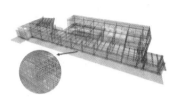
三维实体钢筋

图 10-23　钢筋深化

九、VR 方案体验

基于 BIM 技术完成机电管线优化、支吊架设计、砌体排版以及施工场地布置后，在韶关印雪精舍旅游配套设施项目中，还将清水工艺模拟演示做成了 VR 视频，方便施工管理人员从各个视角去观看理解施工工艺（图10-24）。

图 10-24　VR 体验

第五节　施工阶段 BIM 应用

在施工管理阶段，BIM 技术可应用于施工过程中的各个流程，如施工场地部署、施工进度模拟、质量安全管理、钢筋管理、工艺工法模拟、可视化技术交底、VR 交互沙盘、虚拟样板房等。通过 BIM 技术在项目上的应用能够使建设单位及施工单位提前了解项目的重难点，提前做好人员的安排及物资的准备，使项目能够按照工期有序进行。施工阶段 BIM 应用情况如下。

一、施工场地部署

本项目基于 BIM 技术完成施工场地部署，考虑到临建办公区、材料仓库、钢筋加工棚、场内道路的设计规划，后续室外园林工程的使用，设计材料堆场和钢筋加工棚的位置，建立不同施工阶段的总平面三维场地布置图，提高项目总平面图布置的科学性、有效性（图 10-25）。

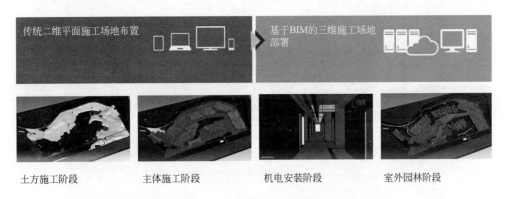

土方施工阶段　　　主体施工阶段　　　机电安装阶段　　　室外园林阶段

图 10-25　各阶段施工场地部署

二、施工进度模拟

本项目利用 Navisworks 软件进行 4D 施工模拟，对现有的施工进度方案进行模拟认证，进行可视化的优化调整，导入实际施工进度，进行进度对比模拟，使管理人员可以直观地了解整个工程的进度偏差，进行工期分析，便于完成进度管控（图 10-26、图 10-27）。

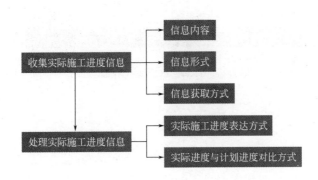

图 10-26　施工进度管理流程图

三、施工成本管理

基于自主研发的星层土建 BIM 算量软件和星层 BIM 钢筋软件来完成项目成本策划，根据模型提供的工程量数据（混凝土、砌体、模板等），对现场施工的材料、人工、设备进行控制，在项目建设前期提供招标预算量数据，施工过程中提供过程工程量结算数据，到项目竣工结束，完成结算管理（图10-28）。

图 10-27　施工进度模拟

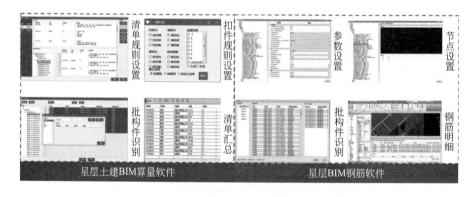

图 10-28　软件工作界面

四、施工照明布置

通过对地下室临时照明用不同类型、功率，不同排布间距、方位灯具进行模拟，可以有效地得出模拟的效果图和光照强度的伪色图。以本项目5号楼地下室为例，进行灯光模拟。得出结论：选用2W/m的节能灯带，安装高度2.5m，间隔8m，效果最好，综合最优（图10-29）。

五、应急疏散模拟

应急疏散模拟对施工现场安全隐患的排查，确定安全逃生路线起着重要作用。模拟施工现场应急疏散，模拟出发生紧急情况时各疏散通道拥挤情况、疏散方向是否合理、疏散总时长等，查找出安全通道的隐患位置，对其进行针对性处理，为项目安全管理提供不同时段的消防疏散平面布置图等（图 10-30）。

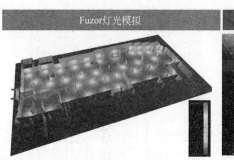

图 10-29　灯光模拟与现场对比

消防楼梯逃生模拟　　　　　消防路线模拟　　　　　消防设备布点
逃生通道可容纳人数限制　　消防逃生路线统计　　　消防逃生模拟出图

图 10-30　消防疏散模拟

六、安全分析

本项目建筑单体多且结构复杂，对于不同时段洞口临边防护设置有不同的需求。利用 Fuzor 软件对 Revit 模型进行安全分析，对模型存在安全隐患的地方进行安全检查，根据安全管理方案来布置安全防护设施，可以有效地帮助现场管理人员及时统计临边洞口区域，协调好临边防护设施的物资采购与资源周转（图 10-31）。

图 10-31　临边防护

七、质量安全管理

质量、安全和进度管理是工程项目管理的重要组成部分。目前传统的质量、安全和进度管理方式仍然是基于手工实测实量、手工填写报表、纸质审核的方式，效率低、工作量大。利用星层现场管理系统可以方便地管理复杂施工现场的质量、安全甚至进度问题（图10-32）。

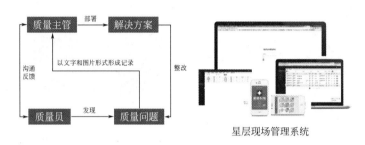

图 10-32　质量安全管理

八、BIM5D平台

BIM 施工管理平台是集模型轻量化、进度、成本于一体的 BIM5D 管理系统。项目部管理人员可以利用网页端动态地查看轻量化模型、工程量进度、实际施工进度、工程量清单，结合 Project 项目管理软件对三维动态的建造过程进行分析，合理地调控施工进度，更好地控制现场的施工和生产（图10-33）。

图 10-33　BIM5D 管理系统

九、二维码交底卡

为了充分利用 BIM 模型可视化的特点，对复杂节点及现场施工难点进行可视化三维交底。通过截取复杂节点的三维视图，形成方案交底卡，提高现场的施工质量。在施工现场贴上二维码，通过微信扫码可以随时查看技术交底卡（图10-34）。

钢筋技术交底卡

现场交底照片

5号地下室钢筋方案交底卡

图 10-34　二维码交底卡

十、虚拟样板

本项目为精装修交付工程，为积极打造精品项目，利用 BIM 技术做出精装修三维模型，并结合 UE4 形成全方位感知的 VR 虚拟交互沙盘来确定精装修效果，提前为精装修材质、配色的选择提供参考依据，直观地感受印雪精舍项目办公室的装修风格、空间格局利用、颜色合理搭配、家具尺寸设置、软装空间位置以及建材种类选择搭配样式，为不断优化设计方案提供强有力的数据支撑（图 10-35、图 10-36）。

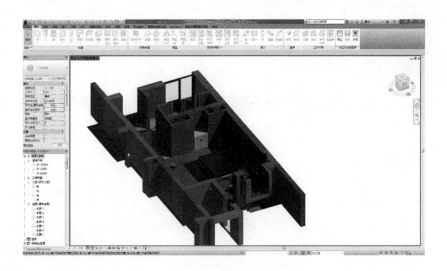

图 10-35　精装 BIM 模型

十一、钢筋管理

项目利用自主研发的钢筋配套管理软件完成从平法施工图到钢筋实体三维模型的创建，钢筋数据库的完整提取，基于钢筋大数据的断料优化算法再到钢筋工程量明细表的导出以及钢筋料单的手动调整的管理过程，形成了一套完整的钢筋加工、安装管理体系，以帮助项目规范钢筋管理，降低钢筋损耗率（图 10-37）。

图 10-36　UE4 精装房样板工程

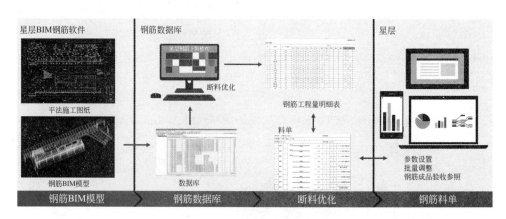

图 10-37　钢筋管理流程

十二、脚手架方案设计

本项目外部采用扣件式脚手架，外部地质条件复杂，建筑数量繁多且建筑样式多样化，施工情况复杂，为保证施工的安全和质量，并同时满足施工工期的要求，本项目决定采用BIM技术，在脚手架搭建施工开始前就使用BIM技术配合施工专项方案进行模拟，利用BIM技术3D可视化、参数化等优势，解决项目施工中的一些难题（图10-38）。

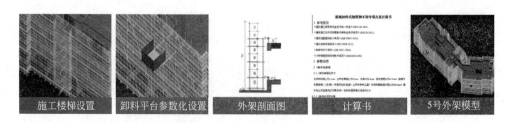

图 10-38　专项方案模拟

十三、无人机巡检

项目由于施工场地面积较大，且单体建筑物较多，通过无人机技术可以高效地收集施工现场的实际进度，快速获取一些传统方法无法覆盖的区域影像（图10-39）。

项目部利用无人机航拍完成传统飞机的航摄任务，宏观掌控整个项目复杂的现场环境以及施工进度。为BIM施工管理平台进度填报提供数据支撑，提高了进度数据采集的效率（图10-40）。

图 10-39　无人机照片

图 10-40　航拍照片

第六节 竣工交付阶段BIM应用

在竣工交付阶段，主要内容是对BIM模型中信息的管理应用，根据建设单位需求提供设计变更可视化管理、轻量化管理、BIM数据管理平台等服务，使建设单位能够真正地利用BIM模型中的信息，而不是将BIM模型仅作为一个三维可视的模型。竣工交付阶段BIM应用情况如下。

一、设计变更可视化管理

传统设计变更都是以设计变更单及CAD图纸的形式进行管理，设计变更的表达形式不够直观。在本项目中，由于工期紧张，施工现场环境复杂，设计变更的情况较多，设计变更在很多情况下对施工方案实施有实质性的影响。项目利用BIM技术完成模型的设计修改，使得设计变更可以更加直观，也为实际方案的实施提供了数据支撑（图10-41）。

图 10-41 设计变更可视化模型

二、轻量化管理设置

在集成BIM技术的施工管理过程中，模型的调用频率和使用场景大大增加。为解决对专业软件的依赖，把Revit模型解析为可通过浏览器以及电脑可直接访问的执行文件进行浏览，将模型文件压缩数十倍，提高文件的传输效率（图10-42、图10-43）。

图 10-42 利用平板电脑完成现场机电安装验收

图 10-43 轻量化模型浏览

第七节　交付内容与交付格式

一、项目交付内容

本项目BIM技术服务交付成果有全专业BIM模型的创建、场地布置，以及管线综合的调整、综合支吊架设计、砌体排版、施工进度模拟、模型碰撞检查、净空分析报告、施工工艺模拟、漫游视频展示、室外工程建模、碰撞问题跟踪、设计问题跟踪、土方平衡策划、图纸问题报告检查、全景方案制作、虚拟现实沙盒平台、钢筋模型创建、钢筋下料及钢筋管理、脚手架模型创建、施工方案制定、施工现场质量、安全、进度管理、土建工程量、钢筋工程量计算、机电工程量计算等。

二、交付格式

各阶段BIM交付模型格式如表10-1所示。

各阶段交付模型格式　　　　　　　　　　表 10-1

文件名称	文件格式
BIM土建模型	.rvt
BIM机电模型	.rvt
BIM钢筋模型	.rvt
土方平衡模型	.rvt
脚手架模型	.rvt
精装模型	.rvt、.exe
净空分析报告	PDF
图纸问题报告	.doc
碰撞检查报告	PDF/.xlsx
工程量明细表	.xlsx
脚手架计算书	.doc
管线综合出图	.dwg
预留孔洞定位图	.dwg
整体效果图	.bmp
净高平面图	.png
进度模拟、漫游	.mp4
轻量化模型	.nwd/.exe
施工管理平台	网页

第八节 小结

项目实际应用效益总结如下：

（1）所有专业全部使用BIM技术开展深化设计工作，并进行模型综合协调和碰撞检查，持续多轮模型优化，最大限度地降低了设计错误，减少了现场拆改。

（2）全施工阶段利用BIM模型辅助施工方案编制并制作三维技术交底，利用BIM模型制作4D进度模型以及复杂工艺施工模拟，以实现重要方案的BIM模拟全覆盖。

（3）所有图纸设计问题全部基于同一BIM协调设计平台，使得设计单位、施工单位、咨询单位对模型、图纸的问题集中进行管理，实现了全过程的信息数据共享。

（4）部分设计方案集成于虚拟现实沙盒平台中，可用于设计方案的审定。

（5）基于BIM技术完成钢筋模型创建，钢筋工程量提取，料单优化以及钢筋管理，可以实现钢筋的全过程精细化管理。

（6）施工现场管理系统的应用，最大限度地缩短了现场质量、安全、进度流程的审批时长，并实现全过程数据存档，便于数据溯源。

（7）基于BIM完成全专业工程量计算，用于控制施工成本和进度。

（8）基于BIM的施工管理平台，实现多个终端的轻量化模型展示，并能集成进度、成本于BIM模型中，打通了BIM模型从设计阶段到施工阶段数据流转的壁垒。

第十一章　华润深圳湾综合发展项目 BIM技术应用

第一节　项目概况

华润总部大厦"春笋"位于深圳市南山区后海中心区，包含美术馆、六星酒店、万象汇商业中心、华润万家住宅区，总建筑面积超过64万m²的综合发展项目，毗邻深圳湾口岸、深圳湾体育中心，蛇口自贸区，地理位置优越。

项目地下4层车库，连接其他地块的美术馆、六星酒店、万象汇约24.4万m²，其中春笋单体，66层塔楼高度398.5m，面积26.5万m²（图11-1）。

图11-1　项目整体效果图

第二节　建模规则

结合项目需求制定阶段BIM实施标准，后续将在此基础上，深化为施工阶段BIM建模标准，从而形成整个项目的BIM建模标准体系。成果文档为"华润深圳湾项目设计阶段BIM建模标准"（图11-2）。

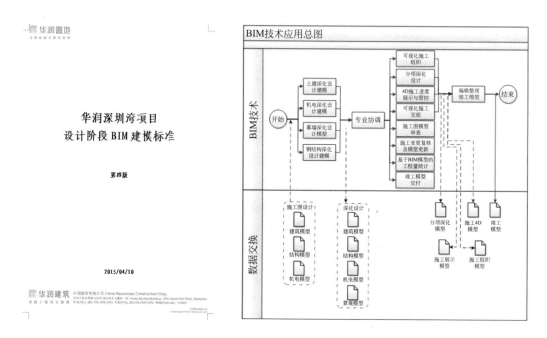

图 11-2　阶段 BIM 标准、BIM 技术应用总图

本项目，在设计配合过程，施工单位提早介入了设计阶段，并且针对施工的工艺提出了意见与建议，使得BIM设计模型在完成了三维管线综合的过程后，按照施工单位的思路，完成了施工深化模型的修改，实现了设计、施工模型的流动，减少了施工变更，节省了工期与成本，提高了施工的效率。

第三节　设计阶段BIM应用

一、模型拆分、碰撞检查

项目体量庞大，为了提高模型的处理速度，模型采用按专业拆分模型。完成碰撞检查及管线综合，发现问题，及时反馈，并且持续跟踪修改方案（图11-3、图11-4）。

二、BIM成果输出

形成优化后的详细二维、三维管线综合成果，作为施工BIM单位深化的依据。单专

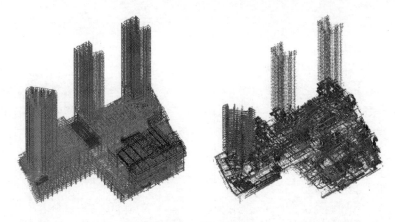

图 11-3 模型拆分

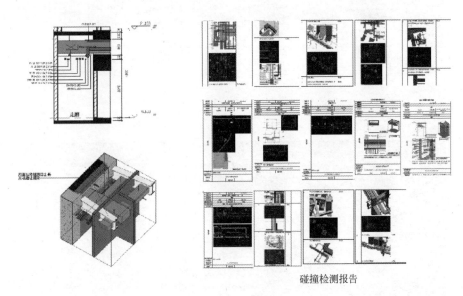

碰撞检测报告

图 11-4 问题台账

业输出图纸,实现3D成果转换,指导施工。对模型进行后期处理,形成空间漫游动画展示(图11-5 ~ 图11-7)。

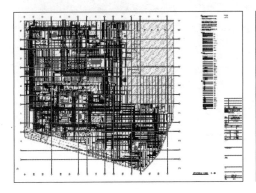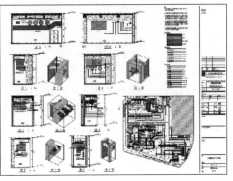

图 11-5 平、剖、局部三维

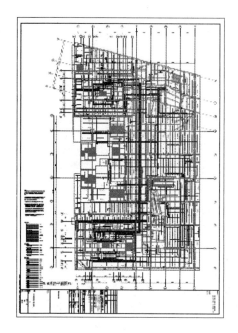
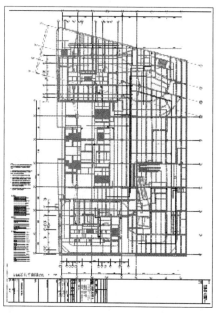

图 11-6　单专业成果

图 11-7　动画展示

三、量化成果

设计、施工一体化的三维流动数据，记录了碰撞报告、图纸、模型变化情况，为建设单位量化BIM解决方案的效益提供参考依据（图11-8）。

文档通过审查、反馈、沟通、解决、完善、形成跟踪封闭：

管线综合碰撞报告+图纸+模型，为业主量化BIM解决方案带来的效益：

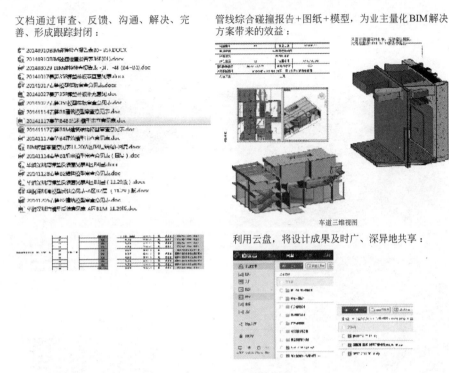

车道三维视图

利用云盘，将设计成果及时广、深异地共享：

图 11-8　量化数据

第四节　施工阶段BIM应用

一、机电模型深化

本项目使用同一套模型延续深化，通过REVIT平台三维数据的设计+施工的工作流，实现了BIM的设计、施工一体化（图11-9、图11-10）。

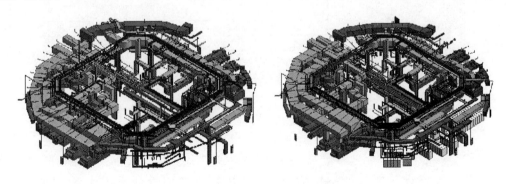

图 11-9　设计模型、施工深化模型

二、设备信息录入

BIM模型以数据为依归，联合厂家，整合设备参数实物，设计模型满足$LOD300$，

施工深化模型满足 *LOD*500（图 11-11）。

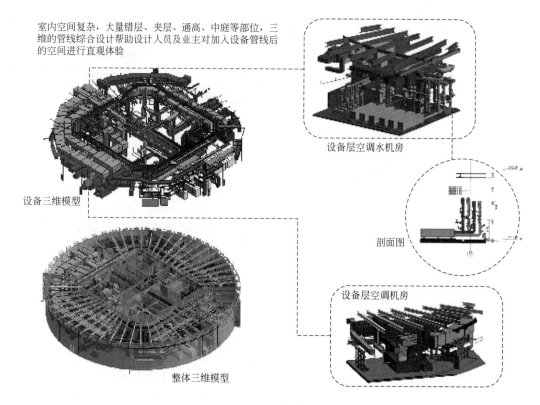

室内空间复杂，大量错层、夹层、通高、中庭等部位，三维的管线综合设计帮助设计人员及业主对加入设备管线后的空间进行直观体验

设备三维模型

整体三维模型

设备层空调水机房

剖面图

设备层空调机房

图 11-10　数据模型的延续应用

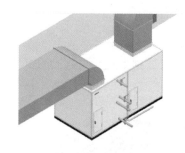

设备编号	FAHU-B1-01	FAHU-B1-02	FAHU-B1-03	FAHU-B1-04	FAHU-B1-05	FAHU-B1-06	FAHU-B1-07
型号	FZK-H-3	FZK-H-40	FZK-H-3	FZK-25	FZK-H-40	FZK-25	FZK-15
冷量（kW）	36.4	192	39.2	116.2	192	105.6	57.6
热量（kW）	/	/	/	/	/	/	/
风量（m³/h）	2600	40000	2800	24200	40000	22000	12000
机外余压（Pa）	390	440	360	410	410	430	400
电机功率（kW）	2.2	30	2.2	18.5	30	18.5	15
材质	镀锌钢	镀锌钢	镀锌钢	镀锌钢	镀锌钢	镀锌钢	镀锌钢
集水管径	DN65	DN65	DN65	DN65	DN65	DN65	DN65

图 11-11　设备信息录入

三、幕墙预制件加工、节点装配

本项目功能构件多样、体量大、结构体系复杂多变，传统二维校核难以胜任。利用 BIM 技术把设计数据与模型相结合，最大限度地还原设计意图模型（图 11-12、图 11-13）。

四、4D 施工模拟

以施工总体计划为依据，把三维模型与计划进行绑定，用动画做虚拟展示，相比传

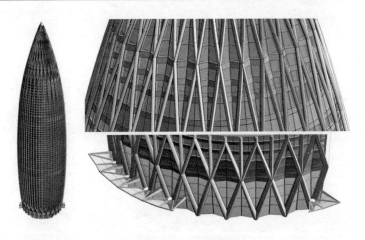

图 11-12　数据幕墙

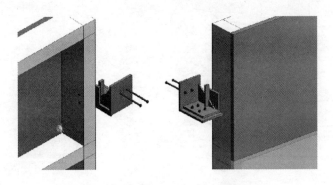

图 11-13　幕墙预制加工、节点装配

统横道图更为直观；能让参与工程的各级各类人员广泛理解、高效沟通；建设单位、专家从模型中可快速了解施工组织的编排情况、总体计划等；通过并行施工等方式对计划做出优化安排；可及时发现施工差距，及时采取措施，进行纠偏调整（图11-14）。

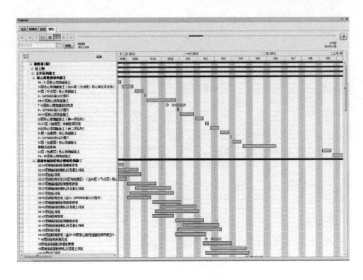

图 11-14　传统横道图

五、概预算统计、施工模拟

工程建造过程中各阶段BIM工作流程遵循：发现—沟通—解决—校审—反馈—封闭。在不同阶段对模型深度不断深入及优化，以满足指导现场施工为目的。阶段模型输出BIM工程量，数据有一定的准确性，改变传统的照蓝图预算模式，便于对项目造价进行控制（图11-15、图11-16）。

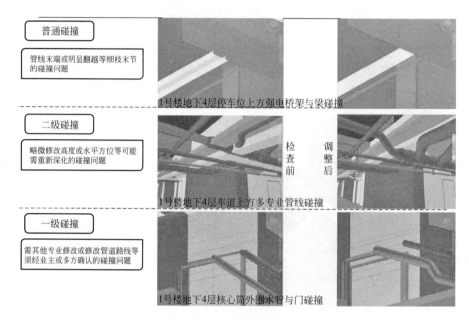

图 11-15　跟踪封闭

现阶段碰撞数量统计				
区域	普通碰撞 （占比）	二级碰撞 （占比）	一级碰撞 （占比）	碰撞 总数	通过BIM处理 碰撞总数
1号楼地下	85 （85.8%）	13 （13.2%）	1 （1%）	99	99
2、3号楼地下	41 （63%）	22 （34%）	2 （3%）	65	65
2、3号楼地上	9 （26.4%）	20 （58.9%）	5 （14.7%）	34	34

图 11-16　BIM 价值量化

第五节　运维阶段BIM应用

设备维护、资产管理、楼宇自动化、招商引资，对房间、柜台、商铺等的分配和物业数据进行可视化的管理和维护，建立设备组件属性及规格数据，与管理数据库连接，对未来管理、维护、查询提供数据调阅（图11-17～图11-19）。

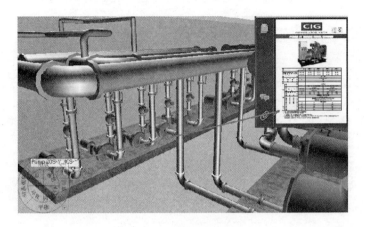

图 11-17　设备信息查询

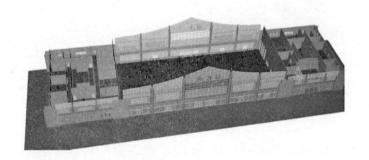

图 11-18　应急模拟

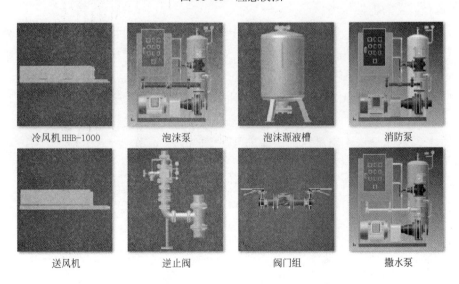

冷风机 HHB-1000　　泡沫泵　　泡沫源液槽　　消防泵

送风机　　逆止阀　　阀门组　　撒水泵

图 11-19　设备维护计划

第六节　交付内容与交付格式

结合项目实施阶段情况，形成项目全过程 BIM 成果清单，如表 11-1 所示。

成果交付清单　　　　　　　　　　　　　　　　表 11-1

成果交付清单	成果格式
1. 初步设计 BIM 模型	*.rvt
2. 施工图设计 BIM 模型	*.rvt
3. 阶段轻量化整合模型	*.nwd
4. 漫游动画	*.mp4
5. 初步设计碰撞检查及纠错报告	*.doc
6. 施工图设计碰撞检查及纠错报告	*.doc
7. BIM 协调会会议纪要	*.doc
8. 阶段成果输出（管线综合平面图、局部剖面大样图、预留孔图）	*.pdf、*.dwg
9. 施工阶段 BIM 深化（幕墙深化）	*.rvt
10. 施工阶段 BIM 深化（重难点施工模拟、4D 进度模拟）	*.mp4
11. 施工阶段 BIM 深化（BIM 工程量统计）	*.exl
12. 竣工模型	*.rvt

第七节　小结

（1）BIM 模型的多种可视化表达使得项目各参与方能快速有效地沟通，对施工的组织与实施有显著的辅助作用。

（2）三维图纸校审，提高解决设计的错漏碰缺的效率，辅助业主决策楼层净空。

（3）问题的闭环跟踪，形成"发现—反馈—解决—记录—量化"，提前纠错，为 BIM 量化效益提供数据参考。

（4）设计单位、施工单位充分合作，让设计模型完成向施工深化模型进行有效流动，全程通用一套模型，减少了数据的流失，缩短了施工深化周期。

（5）三维施工交底，重难点部位通过可视化的技术推演，清晰地表达了各专业施工与协助的方案，减少了现场施工变更。

（6）运维的推广，使 BIM 应用突破了设计、施工应用的天花板，实现建筑业大数据实现真正流动。

第十二章 宝境广场（广东）项目 BIM 技术应用

第一节 项目概况

宝境广场项目原名"宝钢大厦（广东）项目"，位于广州市海珠区琶洲电子商务与移动互联网产业总部区，用地总面积27770m²。项目主体为办公楼，裙楼为配套商业，地下室为车库及设备用房。总建筑面积146645.4m²，其中地上建筑面积87585.7m²，地下建筑面积59059.7m²，建筑总高度149.50m，建筑层数地上29层，地下3层。结构形式为地下室钢筋混凝土结构，地上塔楼为钢管混凝土框架–钢筋混凝土核心筒，地上裙楼为钢结构。外部墙身为玻璃幕墙构造（图12-1）。

图 12-1 宝境广场效果图

第二节 建模规则

一、单位和坐标

（1）项目单位为mm。

（2）为所有BIM数据定义通用坐标系。单独建立整体楼层、轴网定义文件，各专业通过链接此文件复制楼层及轴网定义，确保建筑、结构和机电统一采用同一个楼层与轴网定义，在模型整合时能够以"原点对原点"精确定位。

二、土建模型建模标准

（1）施工图阶段开始，应保证BIM模型的完整性，如管井、扶栏、结构柱帽等细部模型均应建模。

（2）构件位置、标高、所属楼层和几何信息、参数正确，与施工图相符。

（3）按施工图正确设置构件材质，混凝土结构构件要求区分混凝土强度等级。

（4）竖向构件（墙、柱等）按楼层划分，除整体幕墙外不应出现跨越多个楼层的构件。

（5）构件标高设置需注意结构标高与建筑标高的区别。Revit模型文件里的标高设置应按建筑标高设置，结构的梁板柱标高设置需按施工图纸中建筑和结构标高相应高差设置相应偏移值。

（6）结构构件如有预留孔洞，Revit模型中需有反映；楼板开洞需按结构施工图设置，要求用编辑楼板边界的方式开洞，不允许用"竖井"命令开洞。

（7）结构楼板与建筑楼板（含填充层、面层）应分开建模，外墙的砌体墙与面层（含填充层）应分开建模。

（8）注意砌体墙与结构楼板、建筑楼板之间的关系，砌体墙应砌于结构楼板之上，而非建筑楼板之上；建筑楼板应以房间墙体为界。

（9）建筑施工图设置有吊顶的区域，吊顶按建施的高度及材料建模。

（10）按建筑施工图设置房间并命名，房间高度设至上层楼板底或吊顶。

（11）施工阶段的结构梁、板按施工区段拆分。

三、设备模型建模标准

（1）设备管线BIM模型应完整、连接正确。

（2）设备管线类型、系统命名应与施工图一致。

（3）设备管线应按施工图正确设置材质。

（4）施工图中的各类阀门应在BIM模型中反映。

（5）有坡度的管道应正确设置坡度。

（6）有保温层的管道应正确设置保温层。

（7）机械设备、卫生洁具模型应大致反映实际尺寸与形状，避免精细化模型。

（8）施工阶段BIM模型中，设备管线支吊架应建模。

第三节　设计阶段BIM应用

一、可视化设计

在二维CAD设计阶段，利用BIM软件将建筑（含幕墙）、结构（含钢结构）、给水排水、暖通和电气专业设计方案，通过BIM三维模型形象地展示出来。在三维可视化的平台上，就建筑的性能，平面、立面和剖面的设计效果等，进一步调整设计方案，使 BIM 三维模型贯穿于设计阶段的任何过程，以达到完善各专业设计方案的目标（图 12-2）。

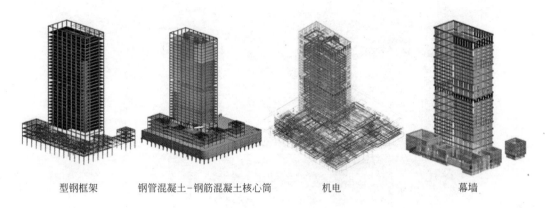

| 型钢框架 | 钢管混凝土-钢筋混凝土核心筒 | 机电 | 幕墙 |

图 12-2　全专业模型

二、专业校审

BIM 模型贯穿于设计全过程，实现二维图纸到 BIM 三维模型的转化。在对各专业设计方案的可视化设计和 BIM 模型的整合，实现专业间的冲突检测、三维管线综合设计、竖向净高控制等，辅助施工图设计（图 12-3）。

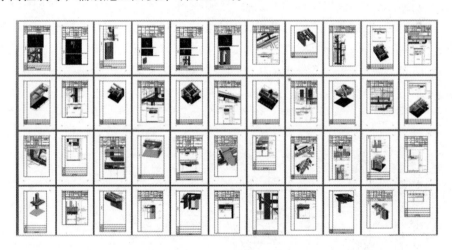

图 12-3　碰撞检查报告

三、管线综合

基于 BIM 的管线深化设计，除了能够满足以往二维深化设计图纸的要求外，在三维技术平台上，更直观形象地描述了机电设备安装过程中存在的各类碰撞问题，并在后期深化图纸上补充相应的局部三维剖面，形成三维管线综合深化设计图。并对施工分包单位进行可视化技术交底，提高工作效率（图 12-4）。

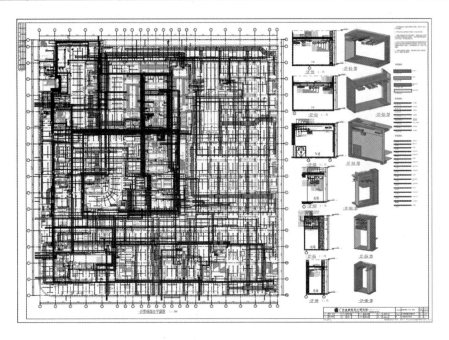

图 12-4　管线综合图纸

四、净高控制

完成对各专业的可视化设计和专业模型校审之后，依照最终的深化施工图纸所绘制的机电三维模型，进行三维管线综合设计。充分考虑建筑、结构和精装修各专业的协调关系和建设单位对各区域净高的控制要求，优化机电管线排布方案，对建筑物最终的竖向设计空间进行检测分析，并给出最优的净空高度；最大限度上满足建筑使用净空要求（图 12-5）。

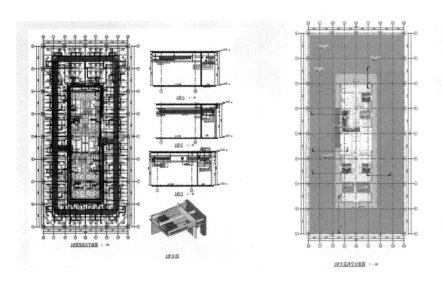

图 12-5　可视化净高校核

第四节 施工阶段BIM应用

一、可视化施工组织

传统的施工组织设计方案主要通过项目的实际要求和经验的积累进行编写。BIM技术的介入，实现施工组织设计的可视化模拟，发现方案中存在的问题和风险，并做出相应的修改，及时调整施工组织设计方案（图12-6）。

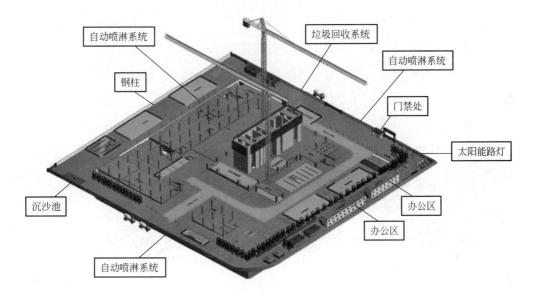

自动喷淋系统　　垃圾回收系统

自动喷淋系统

钢柱　　门禁处

太阳能路灯

沉沙池　　办公区

办公区

自动喷淋系统

图 12-6　动态总平面布置

二、管线综合深化

以最终的施工图纸为作业依据，且根据现场施工安装要求与工序安排，开展施工阶段的管线综合深化设计。通过三维模型进行碰撞检查，优化调整模型，辅助绘制施工图纸，达到指导施工的要求（图12-7）。

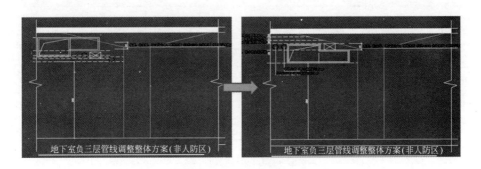

图 12-7　管线综合局部模型（一）

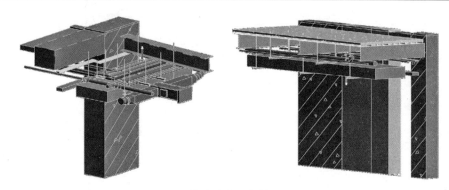

图 12-7　管线综合局部模型（二）

三、施工节点技术工艺方案模拟

通过 BIM 三维模型，对施工重难点进行施工工艺的可视化表达，对技术方案进行动画预演，分析工艺技术方案编制的可行性，优化工艺技术方案，指导施工。与此同时，在对工艺预演过程中，可同时考虑危险源，做到安全施工（图 12-8、图 12-9）。

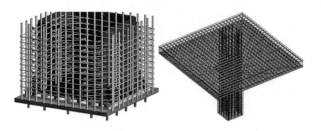

图 12-8　节点深化模型图　　　　　　　　图 12-9　铝模板深化模型

四、厂供设备模型及信息录入

本项目机组设备模型的应用对象主要是：各机房所需配备的机组，包括制冷机房、排风机房、给水泵房和消防泵房，其中还包括暖通动力设备等。为后期各大机房安装深化设计和机组吊装方案的可行性分析做准备（表 12-1）。

厂供设备信息录入表　　　　　　　　　　　表 12-1

设备型号	FCU01	FCU02	FCU03	FCU04	FCU05	FCU06	FCU07	FCU08
参考型号	SGCR–200	SGCR–300	SGCR–400	SGCR–500	SGCR–600	SGCR–800	SGCR–1000	SGCR–1200
风量（m^3/h）	360	550	720	900	1040	1450	1800	2180
出口静压（Pa）	30	30	30	30	30	30	30	30
制冷量（kW）	2.1	2.9	3.8	4.7	5.6	7.5	9.2	11.2
制热量（kW）	3.2	4.6	6.1	7.3	8.8	12.3	14.4	17.1
配电功率（W）	33	48	59	80	96	137	155	199
数量（台）	7	17	3	7	8	11	5	1

五、4D进度管控

在现有进度管理体系中引入BIM技术，综合发挥BIM技术和现有进度管理理论与方法相结合的优势。将施工进度计划与BIM模型相连接，形成4D的施工模拟，项目团队可据此分析施工计划的可行性与科学性，并根据分析结果对施工进度计划进行调整及优化，实现精细化的进度管控（图12-10）。

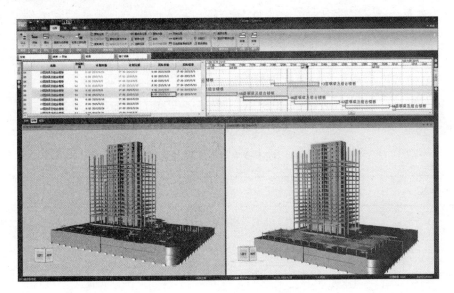

图 12-10　Synchro 进度模拟

六、可视化任务发布

利用4D模拟技术实现可视化的任务发布，实时掌控现场每周的施工进度，实现对施工进度的可视化模拟，对施工作业进行跟踪、分析和管理（图12-11）。

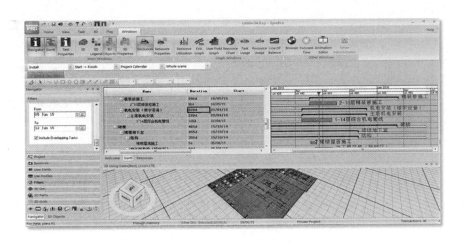

图 12-11　Synchro 任务发布

第五节　交付内容与交付格式

（1）基于 BIM 模型所产生的其他各应用类型的交付物一般都是最终的交付成果，强调数据格式的通用性，这类交付成果应提供标准的数据格式（如 PDF、DWF、AVI、WMV、FLV 等）。

（2）对于 BIM 应用过程中记录的 2D 图纸资料技术问题等日志文件、工作汇报、成果记录等资料应采用文档格式。

（3）按 BIM 交付物内容区分，交付数据格式包括：BIM 设计模型及其导出报告文件格式、BIM 协调模型及其模拟协调报告文件格式、BIM 浏览模型格式、BIM 分析模型及其报告文件格式、BIM 导出传统二维视图数据格式、BIM 打印输出文件格式等。

本项目交付内容与交付格式如表 12-2 所示。

BIM 技术服务成果清单

表 12-2

服务阶段	交付成果	内容	格式	备注
设计阶段	BIM 模型	轻量化模型	*.rvt、*.nwd	
	专业校审	三维模型校审台账	*.xls	
	管线综合优化	管线综合图纸	*.pdf、*.dwg	
	净高控制	净空分析图	*.pdf、*.dwg	
	虚拟仿真漫游	漫游动画	*.avi	
施工阶段	临时场地模型	施工场地布置；重难点施工工艺模拟交底	*.rvt、*.nwd	
	进度模拟	项目整体施工进度虚拟展示进度计划	*.avi	
	碰撞检查报告	深化过程中发现的问题跟踪台账	*.xls	
	管线综合图纸	单专业图纸出图，砌体预留孔出图	*.pdf、*.dwg	
	精装修图纸	二次机电出图，样板间效果展示	*.pdf、*.dwg	
	变更管理	记录变更台账，落实模型更新	*.rvt、*.xls	
	竣工模型	整合各专业深化模型；录入专用设备信息	*.rvt、*.nwd	

第六节 小结

本项目解决设计和施工过程中的方案可视化、设计成果优化、技术交底与会商、参与方协同管理、综合管控（进度、质量、安全、成本）、变更管理以及信息共享传递等诸多方面的问题并收获实效。提高工程建设质量和项目综合管理水平，全面提升企业综合竞争力；并实现竣工数字化交付，为今后的运营维护打下良好基础。

第十三章 深国际前海智慧港先期项目BIM技术应用

第一节 项目概况

深国际前海智慧港先期项目位于深圳市前海深港合作区妈湾片区北侧、水廊道南侧，属19单元的06街坊，分为4个地块，分别为19-06-02、19-06-03、19-06-05及19-06-06。建设用地面积为4.62万m²，其中项目开发红线用地面积为3.88万m²，道路用地面积0.74万m²。项目总建筑面积约17.5万m²，结构形式为框架结构。项目为综合体建筑，主要功能为住宅、办公和商业，整体采用的结构形式为框架结构。

项目拟全过程采用BIM精细化管理，实现管理价值最大化，本项目已被前海管理局列为前海自贸新城建设的重要工程之一（图13-1）。

图13-1 项目总平面图、效果图

第二节 建模规则

一、基本规定

1. 项目单位和坐标

项目单位为mm，为所有BIM数据定义通用坐标系。

单独建立整体楼层、轴网定义文件，各专业通过链接此文件复制楼层及轴网定义，确保建筑、结构和机电统一采用同一个楼层与轴网定义，在模型整合时能够以"原点对原点"精确定位。

2．文件夹结构

仅对服务器、共享平台、个人电脑里的BIM模型正式文件存储目录结构做出规定，对过程文件、临时文件等不做规定。原则上按图示的文件夹结构储存全过程BIM模型。

为保持模型文件的链接关系，模型工作文件不加日期后缀；定期归档，已归档的文件夹应标注内容、日期，并在目录名的日期后面加"归档"二字，如"3D成果文件_土建模型_2016.12.08归档"（图13-2）。

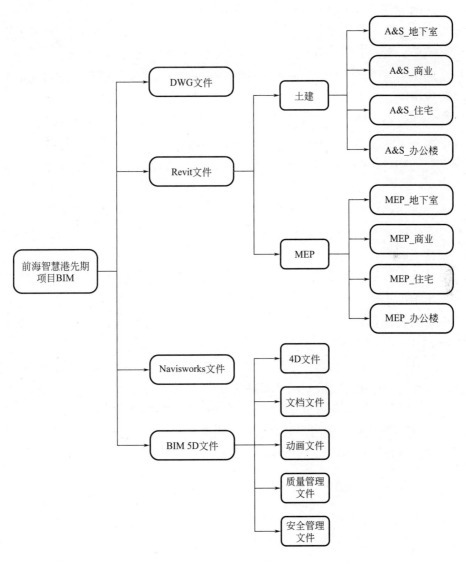

图13-2　文件夹结构示例

3．文件命名规则

专业代号_分部或楼层.文件属性后缀（.rvt）

专业代号：土建（A&S），设备（MEP）

例如，A&S_商业.rvt；MEP_地下室.rvt。若文件过大，可按照建筑楼层和施工分区拆分模型，例如，A&S_-2F_A区.rvt。

4. 模型拆分与组织

单个BIM模型文件应控制在一定的大小范围内，以保持操作的灵活性，原则上以不超过200m为宜。因此一般大中型项目均应分部、分专业进行拆分，本项目的Revit文件拆分原则如下：

按地下室、商业、住宅、办公楼四个分部拆分，每个分部再分为土建、设备两个rvt文件，并在建筑文件中设好对应的链接文件。

二、土建模型建模规则

（1）施工图阶段开始，应保证BIM模型的完整性，如管井、扶栏、结构柱帽等细部模型均应建模。

（2）构件位置、标高、所属楼层和几何信息、参数正确，与施工图相符。

（3）按施工图正确设置构件材质，混凝土结构构件要求区分混凝土标号。

（4）竖向构件（墙、柱等）按楼层划分，除整体幕墙外不应出现跨越多个楼层的构件。

（5）构件标高设置需注意结构标高与建筑标高的区别。Revit模型文件里的标高设置应按建筑标高设置，结构的梁板柱标高设置需按施工图纸中建筑和结构标高相应高差设置相应偏移值。

（6）结构构件如有预留孔洞，Revit模型中需有反映。楼板开洞需按结构施工图设置，要求用编辑楼板边界的方式开洞，不允许用"竖井"命令开洞。

（7）结构楼板与建筑楼板（含填充层、面层）应分开建模，外墙的砌体墙与面层（含填充层）应分开建模。

（8）注意砌体墙与结构楼板、建筑楼板之间的关系，砌体墙应砌于结构楼板之上，而非建筑楼板之上，建筑楼板应以房间墙体为界。

（9）建筑施工图设置有吊顶的区域，吊顶按建施的高度及材料建模。

（10）按建筑施工图设置房间并命名，房间高度设至上层楼板底或吊顶。

（11）施工阶段的结构梁、板按施工区段拆分。

三、机电模型建模规则

（1）机电管线BIM模型应完整、连接正确。

（2）机电管线类型、系统命名应与施工图一致。

（3）机电管线应按施工图正确设置材质。

（4）施工图中的各类阀门应在BIM模型中反映。

（5）有坡度的管道应正确设置坡度。

（6）有保温层的管道应正确设置保温层。

（7）机械设备模型应反映实际尺寸与形状。

（8）施工阶段 BIM 模型中，机电管线支吊架宜建模。

（9）管线排布应考虑安装空间、运行操作空间和检修空间。

（10）绘制机电的三维模型时，为明显区分各机电系统类型，满足后期管线综合的出图要求。

（11）绘制机电的三维模型时，为明显区分各机电系统类型，满足后期管线综合的出图要求，需确定各专业系统配置的图例颜色，如表 13-1 所示。

机电模型颜色配置表　　　　　　　　　　　表 13-1

专业	序号	所属系统	图例名称	线宽	代号	RBG
空调部分	1	空调风	送风管	2	SAD	000-191-255
	2		回风管	2	RAD	191-000-255
	3		新风管-已处理	2	PAD	128-183-227
	4		新风管-未处理	2	FAD	010-118-113
	5		新风兼补风管	2	P（S）AD	068-101-187
	6		送风兼补风管	2	S（S）AD	000-190-148
	7		空调排风管	2	EAD	153-038-000
	8		除尘管	2	RDD	127-000-255
	9		人防送风管	2	RSD	128-255-128
	10		转换管	2	TAD	000-000-255
	11		厨房排油烟管	2	KED	255-176-096
	12	消防通风	消防排烟兼排风管	2	S（E）AD	191-255-000
	13		消防送风兼排风管	2	SA（EA）D	030-130-045
	14		消防补风管	2	F（S）AD	000-128-255
	15		消防排烟管	2	SED	255-127-000
	16		消防加压风管	2	SPD	255-000-255
	17	空调水	空调冷冻供水	1	K_CHWS	000-128-192
	18		空调冷冻回水	1	K_CHWR	128-128-255
	19		空调冷却供水	1	K_CWS	255-000-128
	20		空调冷却回水	1	K_CWR	255-128-255
	21		空调冷凝排水	1	K_COND	000-127-255
	22		空调供热供水	1	K_HWS	128-000-64
	23		空调供热回水	1	K_HWR	128-000-128
	24		空调冷媒管	1	K_VRV	095-127-063
	25		空调膨胀管	1	K_EXP	128-128-000

专业	序号	所属系统	图例名称	线宽	代号	RBG
给水排水部分	26	给水	给水	1	S_J	000-255-000
	27		热水给水	1	S_RJ	000-000-255
	28		热水回水	1	S_RH	000-255-255
	29		中水	1	S_ZJ	000-204-153
	30	排水	污水	1	S_W	255-255-000
	31		废水	1	S_F	255-191-127
	32		虹吸雨水	1	S_HX	050-176-255
	33		雨水	1	S_Y	000-255-255
	34		通气管	1	S_T	142-028-094
	35		压力污水管	1	S_YW	255-127-000
	36		压力废水管	1	S_YF	255-191-000
	37	喷淋	喷淋	1	S_ZP	255-000-000
	38	消防	消防	1	S_X	255-128-128
	39		消防水炮管	1	S_SP	167-089-089
	40	其他	输油管	1	S_SY	039-070-088
	41		燃气管	1	R	255-000-100
电气部分	42	梯级式桥架	动力	1	PV TJ	128-064-000
	43		外电	1	WD TJ	126-197-124
	44	梯式桥架	动力	1	PV CT	128-064-000
	45		消防	1	FS CT	120-050-050
	46		外电	1	WD CT	126-197-124
	47		高压	1	GY CT	000-191-000
	48		发电机	1	FD CT	076-076-153
	49	槽式线槽	动力	1	PV MR	128-096-000
	50		人防SR	1	PV SR	255-128-064
	51		空调	1	KT MR	185-185-128
	52		安全防范	1	SA MR	128-128-000
	53		弱电	1	ELV MR	064-064-255
	54		消防	1	FS MR	174-100-100
	55		通信营运	1	TX MR	160-207-207
	56		音视频	1	AV MR	128-128-255
	57		楼宇自动化	1	BAS MR	086-171-171
	58		电视	1	TV MR	210-090-100
	59		三网	1	SW MR	052-103-103

专业	序号	所属系统	图例名称	线宽	代号	RBG
电气部分	60	槽式线槽	智能化	1	INT MR	000-100-000
	61		电源	1	PW MR	200-158-075
	62		照明	1	LT MR	154-164-132
	63	母线槽	-	1	MX	000-064-064

第三节　设计阶段BIM应用

一、BIM三维地质自动生成

通过读取勘察报告中的每一个钻孔数据，在Revit软件中编写插件，以插值的方式生成BIM三维地质，将数据转换成可视化模型，直观呈现各土层的几何分布，便于统计各土层工程量（如淤泥量），对开挖成本核算具有一定的参考价值。地质区域可任意剖切，对整体的地质环境进行更细微的观察及分析（图13-3 ～图13-6）。

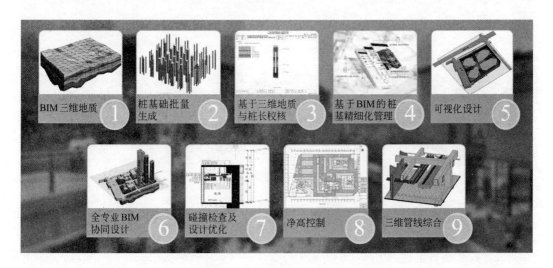

图13-3　设计阶段BIM应用

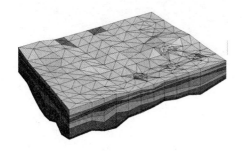

图13-4　BIM三维地质模型

ZK31号钻孔柱状图

工程名称	深圳前海港港光期项目桩基站勘察工程			X = 15633.68		起钻日期		
			孔口坐标	Y = 97600.06		地下水位		
勘察单位		孔口标高	0.63m			钻孔深度	34.30m	

层号	地质时代(成因)	层厚(米)	分层深度(米)	层底标高(米)	图例 比例尺 1:200	岩性描述	标贯试验位置及击数(N)	取样位置	备注说明
2	Q^m	5.00	5.00	-4.37		淤泥：灰黑、灰黑色、饱和、软塑、流塑状态、顶部夹地。			
3-1	Q^{el+pl}	8.00	13.00	-12.37		黏土：褐黄色、褐红、灰白色。			

图 13-5　钻孔数据

土方量统计表	
土方名称	体积(m³)
1 填土(填石)	203441.75
2 淤泥	255208.01
3-1 黏土	219183.72
3-2 砾砂	214911.43
4 砂质黏性土	356768.75
5-1 全风化花岗石	380067.33
5-2 强风化花岗石	499911.32
5-3 中风化花岗石	175131.72
5-4 微风化花岗石	17446.73

图 13-6　土方量统计表

为确认项目中住宅区域直径1.6m或以上的灌注桩地质情况，建设单位增加了73个钻孔数据。项目钻孔数量，从原来的119个增加至192个。钻孔数量越多，生成的三维地质模型越接近实际，其提取的土层数据也更准确（图13-7、图13-8）。

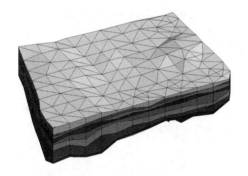

图 13-7　BIM 三维地质模型（旧）

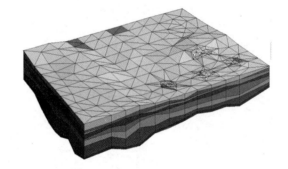

图 13-8　BIM 三维地质模型（新）

二、桩基础批量自动生成

本项目共有3542根桩，重复建模工作量大，桩顶相对标高数据多（−10.9m、−11m、−11.2m、−11.4m、−11.405m等），若全部采用人工手动建立，无法保证一次建模的准确率，需要反复核对才能保证模型的准确交付（图13-9）。

为解决此难题，通过编写基于Revit的插件，读取设计图上的桩基础坐标及参数信息，在Revit平台上实现桩基础批量生成，减少人工建模工作量，降低模型出错率，提高BIM桩基础模型工作质量与效率（图13-10）。

三、基于BIM三维地质与桩长校核

结合三维地质模型与桩基础批量生成的已有优势，实现基于BIM的三维地质与桩长

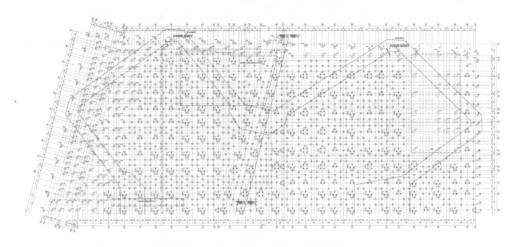

图 13-9　桩基础平面布置图（部分）

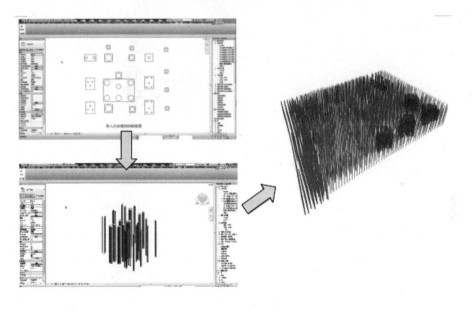

图 13-10　插件批量生成桩基流程

校核应用。以三维地质模型作为底层数据，批量生成 BIM 桩基础模型。赋予各类数据信息，如桩类型、桩编号、设计参考桩长、BIM 参考桩长、差值、终压值等。同时，预留施工阶段需要的数据接口，例如，施工桩长、施工分区、混凝土超灌高度等。各项数据均通过计算机进行计算或预留，降低人工出错率，保证数据的准确性（图 13-11、图 13-12）。

　　除了在平面图提供桩基础数据外，还针对桩基础进行批量剖切，所得的剖面信息包含各土层信息、桩编号、桩顶标高、桩端标高，以及全断面入岩标高。最终形成图纸及报表的形式提供至建设单位及施工单位进行桩基管理及施工，实现基于 BIM 的桩基精细化管理（图 13-13、图 13-14）。

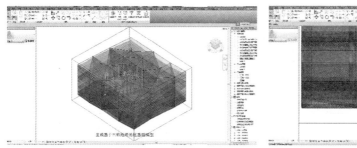
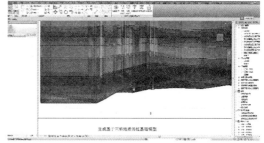

图 13-11　BIM 三维地质与桩长校核

桩 — 桩类型：承压兼抗拔桩
桩编码：GZ0416
L参：16.0m
Lbim：19.3m
差值：-3.3m
终压值：2.2倍
L施工：19.5m
混凝土超灌高度：≥0.8m
施工分区：施工分区一

桩 — 桩类型：XZ-10
桩编码：X10206
L参：27.0m
Lbim：25.0m
差值：2.0m
L施工：26.3m
混凝土超灌高度：≥0.8m
施工分区：二

图 13-12　自动赋予信息样式

桩长数据明细表				
桩类型	桩号	设计桩长参考值(m)	BIM桩长参考值(m)	差值(m)
XZ-10	X10091	23	21	2
XZ-10	X10092	24	22	2
XZ-10	X10093	22	21	1
XZ-10	X10094	28	27	1
XZ-10	X10095	28	27	1
XZ-10	X10096	28	25	3
XZ-10	X10097	25	24	1
XZ-10	X10098	25	24	1
XZ-10	X10099	25	25	0

图 13-13　旋挖桩桩长数据明细表

四、桩基础批量自动生成

桩基础施工时，进度往往拖延严重，建设单位人员在信息获取方面可能会有延迟，难以把控与监管现场实际桩基础施工进度与质量。施工人员每天以纸质版的形式进行数据记录，大量的人手记录工作，难免发生数据输入错误的情况，数据丢失的问题经常发生，且丢失的数据无法恢复。建设单位对施工单位进行进度款结算时，往往容易出现扯

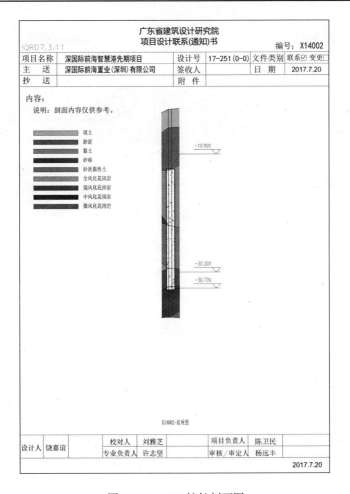

图 13-14　BIM 桩长剖面图

皮现象，造成大量人力的浪费。

　　在保证有效管控工程质量、进度、安全、结算的前提下，建设单位与 BIM 顾问单位联手打造"基于BIM的桩基精细化管理"模式（图13-15）。

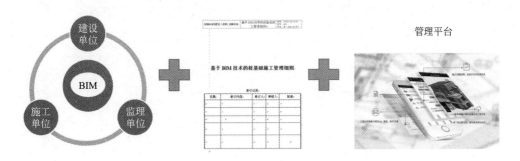

图 13-15　基于 BIM 的桩基精细化管理模式

　　在Revit软件中，搭建地质、桩基、支护等模型，通过数据传输的方式，无缝对接BIM5D平台（图13-16）。

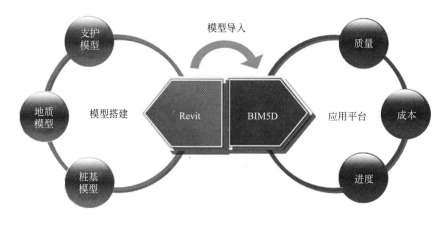

图 13-16　软件应用方案

在BIM5D平台上，通过对施工信息的录入，实现质量管理、进度管理以及成本管理（图13-17）。

质量管理		进度管理		成本管理

配合方		具体要求		
平台供应商	提前在平台上设置各类桩型的质量控制信息	可以录入通过审批的进度计划 (结合BIM模型的分区段进度计划，细化到每块施工分区)		设置有效桩长参考值
		监理专业工程师录入确认后即表明该工程桩施工完成		可分期分批自动生成工程量统计单供三方签字使用
		对进度情况具有实时统计的功能		
监理单位	如实记录现场质量信息 施工过程精细化管理	现场验收录入要求及时性		主持工程量统计多方签字确认并上传

图 13-17　应用要求

桩基施工前，通过已有的基础模型，以及进度计划，在BIM5D软件实现构件关联，确保每个基础的施工计划有依据可行，时刻检查、汇报施工进度情况（图13-18、图13-19）。

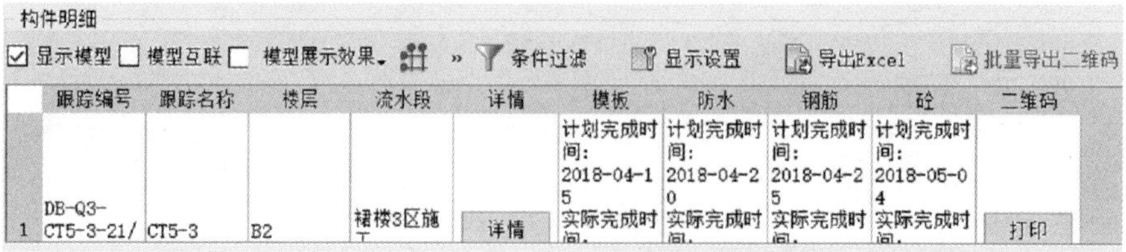

构件明细

☑显示模型 　□模型互联 　□模型展示效果　　»　▽条件过滤 　▽显示设置 　导出Excel 　批量导出二维码

	跟踪编号	跟踪名称	楼层	流水段	详情	模板	防水	钢筋	砼	二维码
1	DB-Q3-CT5-3-21/	CT5-3	B2	裙楼3区施工	详情	计划完成时间：2018-04-15 实际完成时	计划完成时间：2018-04-2 实际完成时	计划完成时间：2018-04-2 实际完成时	计划完成时间：2018-05-0 实际完成时	打印

图 13-18　精细化控制流程

项目施工过程中，监理人员根据事先确定的管理要求和标准，通过BIM5D手机端app将现场管理过程的信息记录。将施工单位、监理单位的实际现场跟踪情况进行

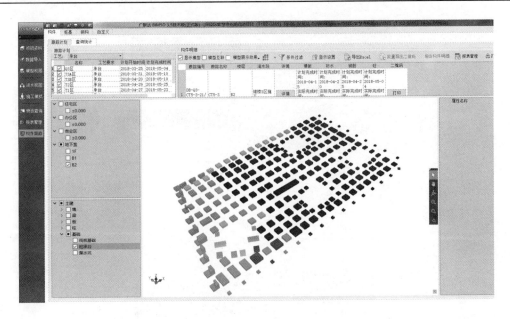

图 13-19　平台工作界面（网页端）

汇总分析，优化BIM管理流程，在平台中进行数据更新（图13-20）。

　　电子化的操作页面，对比采用人手记录的方式具有更高效的工作效率。每一根桩，都区分了桩基就位、吊装第一节管桩、接桩、送桩和验收五个阶段。确保现场每一根桩基都达到精细化管理要求。

　　从管桩表面、垂直度、焊接、封堵等均作为桩基管理的其中一环，环环相扣。每个节点的开始与结束均有具体的日期以及操作人员，从根本上杜绝不良的施工管理模式（图13-21）。

　　在桩基施工过程中，对有效桩长达不到设计要求的桩承台等问题。通过BIM拟合的土层剖面图进行原因分析，并提前预判持力层岩面是否存在斜岩的可能性，进而保证现场施工全断面入岩工作（图13-22、图13-23）。

图 13-20　平台工作界面（手机端）

　　通过Web端可以查看一定时间内的桩基完成情况。如图13-24所示，查看在这一周完成的预应力管桩数量，并且可以查看每根桩、每个工序的实际完成时间（来源于手机端的填写数据）。其他的筛选条件可以帮助现场从人员、时间、区域方向进行查看对应的施工数量、施工详情。

　　通过模型导出的表格快速进行工程量确认（图13-25）。

五、可视化设计

BIM的三维可视化特性，使得项目建设单位、设计单位及各参与方能随时在三维视

图 13-21　BIM5D 管理界面

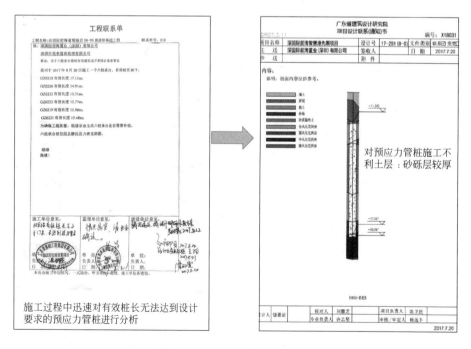

图 13-22　BIM 拟合土层剖面分析

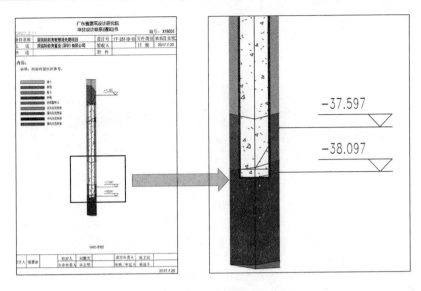

图 13-23　BIM 全断面入岩分析

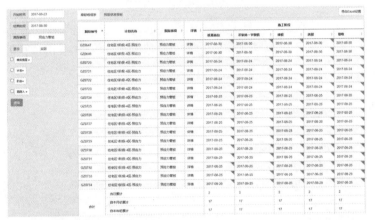

图 13-24　Web 端管理界面

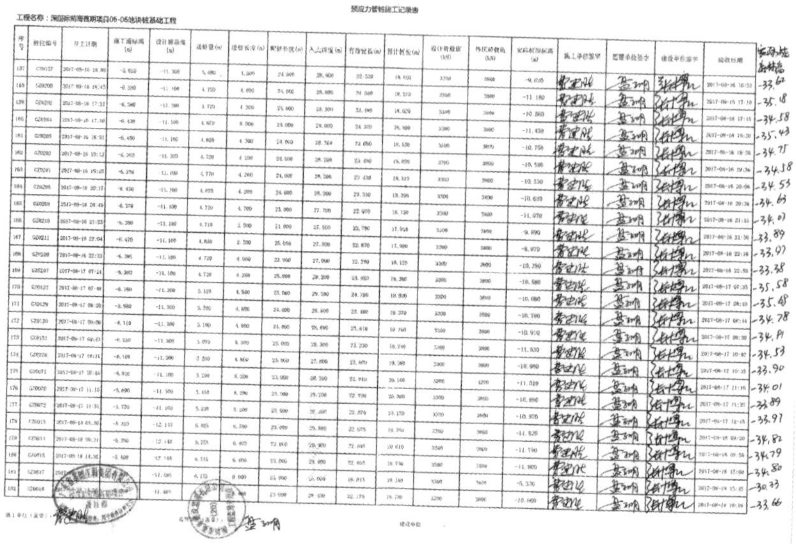

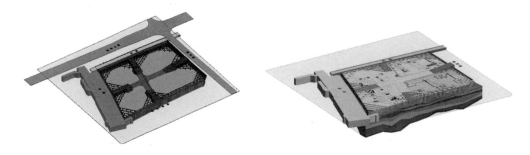

图 13-25　导出的工程量清单

图中查看项目的设计，包括整体或局部、室外或室内、单专业或多专业的模型展示，从更加全面、精确的角度分析设计成果，把控设计效果，使设计可以保持极高的完成度，同时有效支持设计的校审（图 13-26、图 13-27）。

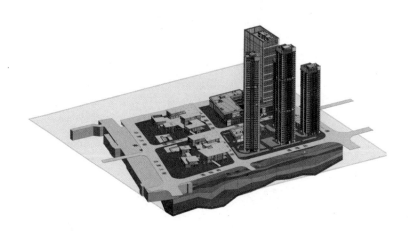

图 13-26　基坑支护模型（带周边地质）

图 13-27　项目完整模型

六、全专业 BIM 协同设计

在本项目的初步设计及施工图设计阶段，为配合设计进程，实时反映设计成果，及时发现并解决设计过程中的问题，BIM 专项团队对建筑、结构、给水排水、电气、空调等设计专业建立了 BIM 模型，并持续同步跟进修改，为 BIM 技术的各项应用提供了基础（图 13-28）。

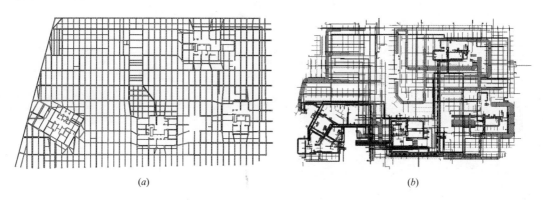

(a)   (b)

图 13-28　项目模型平面
（a）结构平面图（施工图）；（b）机电平面图（施工图）

七、碰撞检查及设计优化——基于 Revit 的报告编制

利用 BIM 的碰撞检查，找出建筑、结构、机电等专业间的碰撞问题，形成碰撞报告，经过协调会议解决问题，达到多专业协调，大大提高了图纸质量，减少因图纸问题导致的"错、漏、碰、缺"现象，从而提高整体的工作效率（图 13-29）。

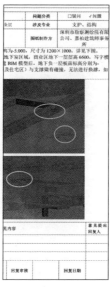
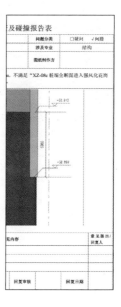

图 13-29　碰撞报告示例

当项目后期出现人员更换或提交阶段性成果文件时，容易出现报告丢失或遗漏的情况，项目台账不完整的情况时常发生。

为解决此问题，在碰撞报告的编制上做了优化处理，摒弃常规 word 文档编制的做法，直接把各项碰撞编制在 Revit 软件里面，将楼层、问题区域、问题报告建立在一个文件里面。方便建设单位或设计人员查看问题所在区域。由于报告在 BIM 模型内，无论是后期加入的成员或者进行台账整理时，只要打开模型，便能清晰了解（图 13-30）。

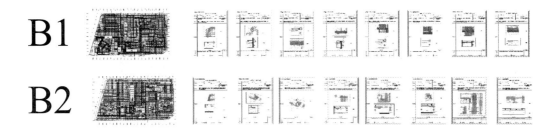

图 13-30　报告与模型关联

八、净高控制

本项目对各种空间的净高控制极其严格。BIM 的应用为净高控制提供了有效的技术手段。BIM 团队按照建设单位对净高的初步要求进行管线综合排布。对于未能满足净高要求的区域，通过编制报告、提供管线路径备选方案、平面布局优化等方式供建设单位及设计单位参考（图 13-31）。

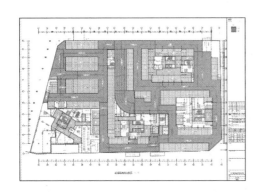
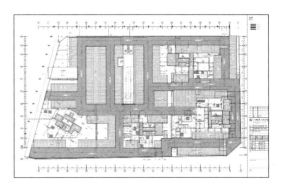

图 13-31　净空分析图（示意）

九、三维管线综合

应用 BIM 技术进行了精细化的三维管线综合设计，全面优化净空，优化管线排布方案，为后续指导施工打下良好的基础（图 13-32）。

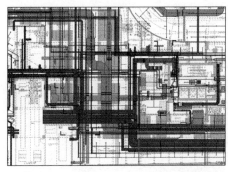 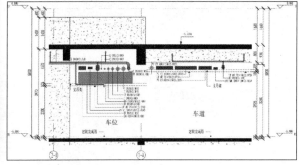

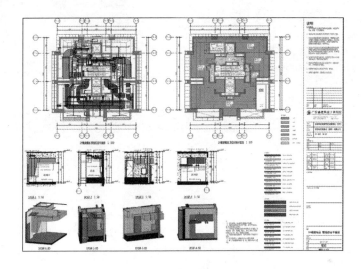

图 13-32 管线综合图（示意）

第四节 施工阶段BIM应用

一、施工场地布置

标准层采用铝膜+PC+爬架施工，场地内人车分流，形成环形通道，人行通道贯穿整个施工场地（图13-33、图13-34）。

二、施工模拟

三维可视化表达现场施工进度形象，同时依据月计划、阶段进度计划进行进度模拟分析，提前识别阶段关键线路，对资源进行优化配置（图13-35）。

拆撑方案模拟：施工措施准备→支撑次梁拆撑→支撑主梁拆撑→支撑柱拆撑→工作面清理、工作面移交（图13-36）。

塔楼标准层施工涉及主体结构现浇、产业化PC构件、机电管线预留预埋，同时涉及铝膜、爬架、起重设备、安全文明施工等措施，工序穿插复杂、工作面不易展开。应

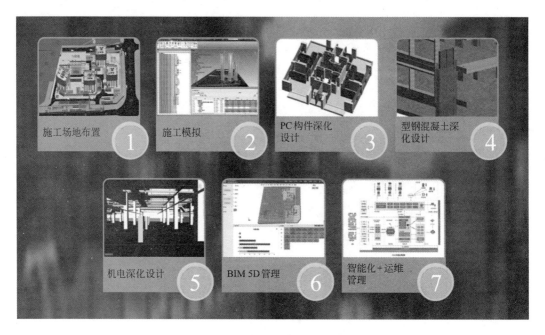

图 13-33　施工阶段 BIM 应用

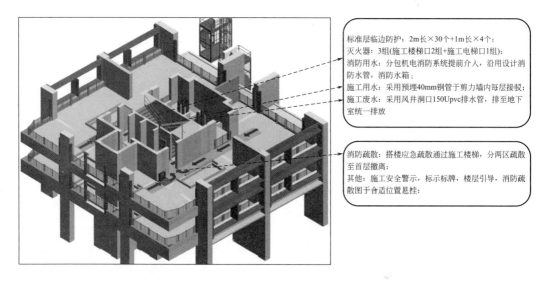

图 13-34　标准层场地布置图

用BIM技术方案模拟，紧密衔接标准层工序6天一层，提前识别各工序施工技术难点PC吊装安装、爬架爬升、塔吊附墙等，保证工期顺利进行（图13-37）。

三、PC构件深化

标准层为框架核心筒+局部PC结构+内墙预制条板。PC结构设计及深化，涉及土建现浇结构与预制结构节点优化、机电专业预留预埋防雷接地、防护栏杆埋件、钢副

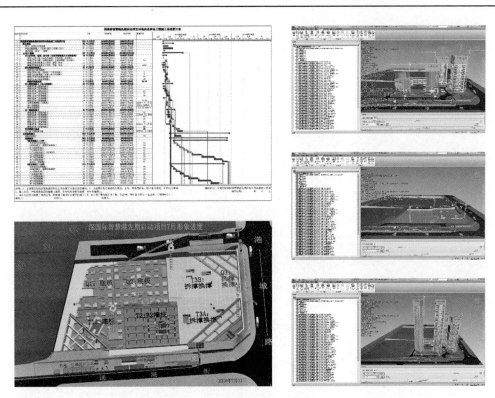

图 13-35　施工进度模拟

图 13-36　施工方案模拟

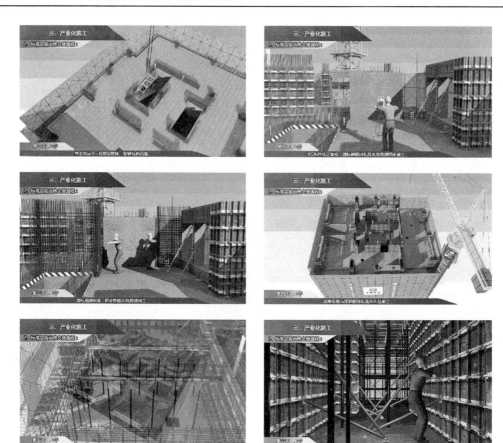

图 13-37　标准层施工模拟

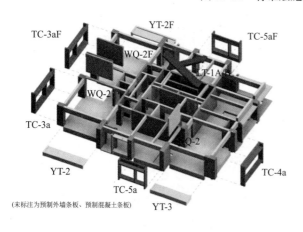

(末标注为预制外墙条板、预制混凝土条板)

图 13-38　PC 构件拆分

框门窗预埋、预制条板与 PC 节点优化等问题解决。应用 BIM 全专业设计深化，更加快速有效（图 13-38、图 13-39）。

利用 BIM 模型进行 PC 构件深化，找出碰撞问题，形成碰撞报告，经过协调会议解决问题，达到多方协同，提高了深化图纸质量，降低施工返工的可能，从而提高整体的工作效率（图 13-40）。

四、型钢混凝土深化

本项目采用型钢混凝土结构，BIM 团队利用 Tekla 软件进行钢结构深化后，结合钢筋在 Revit 软件进行综合布置，最后提供模型与深化图纸给施工人员用以指导施工。除此以外，还包括铝膜及内墙条板深化。

图 13-39　PC 构件深化模型

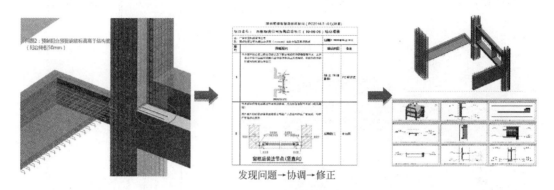

发现问题→协调→修正

图 13-40　PC 构件深化

经过BIM模型的全面深化，使型钢混凝土结构的施工得以顺利进行，避免了钢筋与型钢冲突可能引起的大量返工（图13-41、图13-42）。

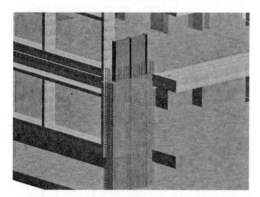
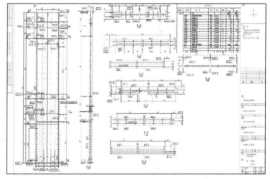

图 13-41　型钢混凝土深化及出图

图 13-42　施工现场照片

五、机电深化设计

在设计阶段模型的基础上，添加现场工况、设备末端、施工组织和工艺等信息，深化校核，以模型成果指导施工，保证施工和模型间的无缝对接。并对要点环节进行预演及模拟，落实施工细节，排查和释放施工过程中的风险，保证实际施工顺序及工艺的科学合理性（图13-43）。

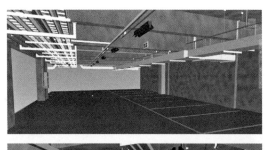

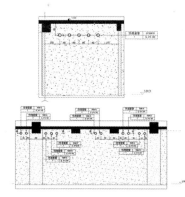

图 13-43　机电深化模型、预留孔深化图

六、BIM5D 精细化管理

根据构件跟踪反馈的进度，导出对应构件的体积工程量，进行BIM算量、工长算量、实际用量分析对比，总结反馈成本管理。同时，在每月进度款申报中，依据BIM报表工程量百分比核算工程清单量进行工程款支付（图13-44 ~ 图13-46）。

基于**构件跟踪**的工序级质量管理

✓ 现浇构件的工序质量管理
✓ PC构件的工序质量管理
✓ 机电构件的构件跟踪管理

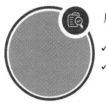

质量问题闭合管理

✓ 监理单位主导的问题记录
✓ 施工总包主导的问题记录

图 13-44　BIM5D 精细化管理方案

图 13-45　安全问题跟踪

序号	浇筑区域	浇筑时间	面积/m²	钢筋体积/m³	类别	BIM工程量/m³	BIM小计/m³	商务算量/m³	工长报量/m³	实际浇筑/m³	BIM差额方量/m³	商务差额方量/m³	施工因素	结论
1	B2层结构T2区域	2018年8月2日	1791	22.82	墙C60	52.68	154.53	261.01	170	195	-40.47	-32.99	爆模浪费C60 5m³	①总方量表现浪费：实际浇筑方量比BIM工程量多12.07m³，比商务工程量多27.79m³；②高低标号表现浪费：实际浇筑高低标号比BIM工程量多40.47m³；③BIM算量未考虑高低标号梁柱接头约拦网500mm；④BIM工程量及商务工程量均已扣除钢筋体积；⑤施工因素：本次浇筑现场施工存在3处爆模
					柱C60	101.85								
					外墙C35P8	71.75	71.75		75	75	-3.25			
					柱C35	37.92	37.92		35	24	13.92			
					梁C30	143.16	326.59	310.27	339	277	49.59	33.27		
					板C30	183.43								
					其他量	-31.86	-31.86	-28.07					爆模体积=外墙反高400-后浇带中线-钢筋体积:4-44*0.4*0.4-125*012*0.4-22.82=-31.86	
					合计	558.93	558.93	543.21	619	571	-12.07	-27.79		

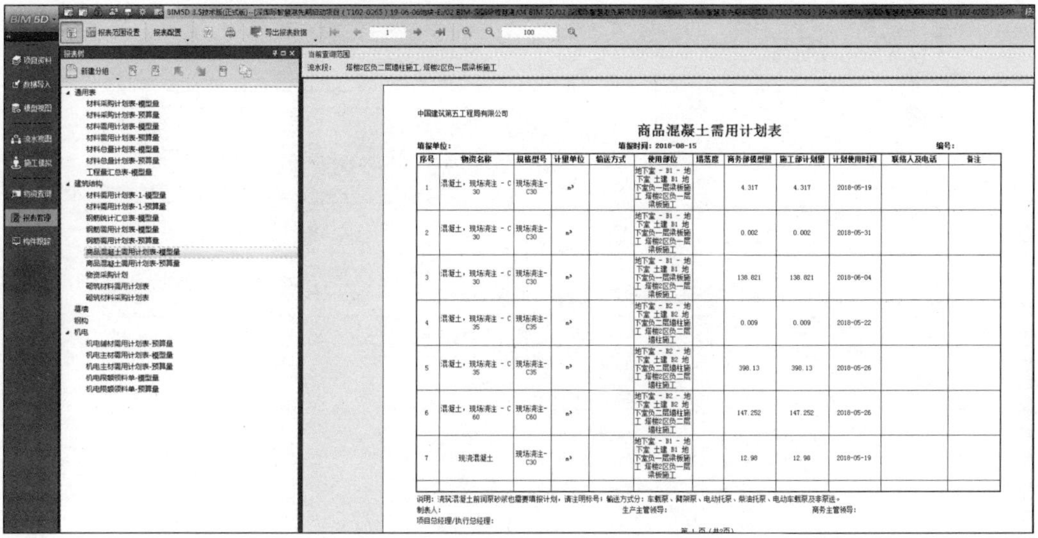

深国际智慧港混凝土工程量分析

图 13-46　管理平台制作报表

七、机智能化+运维管理

项目打造"集约、智慧、高效、低碳"的现代服务业集聚区，实践人与社会、人与经济、人与环境和谐发展的复合型国际化城区（图13-47、图13-48）。

135

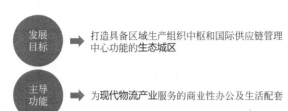

图 13-47　基本规划

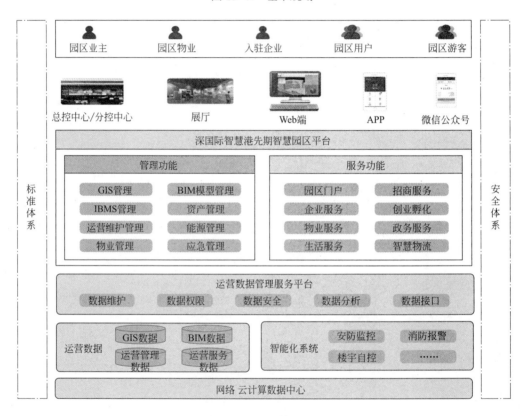

图 13-48　整体架构

第五节　BIM技术开发

为满足本项目各项应用需求，开发了三维地质模型生成、桩基础批量生成、基于BIM的三维地质与桩长校核、视图裁剪4个插件。各项应用研发的技术难点在于：

（1）三维地质数据各项数据（标高、定位等）的提取并同步转化为整体地质模型。

（2）桩基各项数据（标高、定位等）的提取并同步转化为对应桩基模型。

（3）三维地质的曲面数据与桩基数据的融合提取。

各个插件开发的功能应用效果如图13-49所示，于前文中也已充分展示。

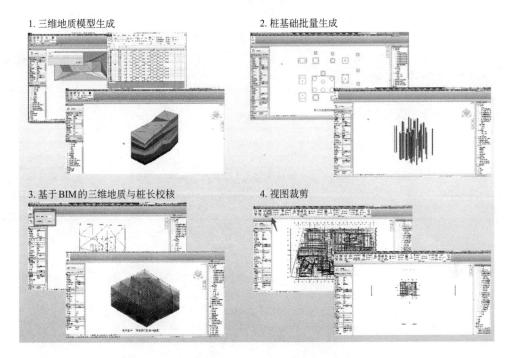

图 13-49　开发插件功能展示

第六节　交付内容与交付格式

一、一般规定

（1）BIM交付物以通用的数据格式或各方商定的数据格式传递工程模型信息。

（2）BIM交付物包括模型、图纸、表格及相关文档等，不同表现形式之间的数据、信息应一致。

（3）交付人应保障BIM交付物几何信息与非几何信息的准确完整。

二、BIM交付物

（1）BIM交付物按类型分为合同交付物和特定交付物。

（2）合同交付物中的图纸和信息表格宜由BIM模型生成。

（3）合同交付物的交付内容、交付格式、模型的后续使用和相关的知识产权应在合同中明确规定。

（4）特定交付物应具备政府职能部门行政审批、管理以及施工图设计审查所需的基本信息。

（5）特定交付物包含的基本信息应根据工程建设行政审批和管理单位的规定，统一信息内容和交付形式，和形式信息表格。

（6）特定交付物中的信息表格内容应与BIM模型中的信息一致，不宜或不需与模型构件关联的信息可通过补充说明、用户自定义的方式添加。

（7）特定交付物的BIM模型宜根据政府职能部门的相应规定和需求进行轻量化处理，滤除无关信息，保留和强化特定信息。

三、各阶段主要交付内容

各阶段主要交付内容如表13-2、表13-3所示。

设计阶段交付内容　　　　　　　　　　　　　　　　　表 13-2

序号	设计阶段	成果要求
1	扩初/施工图 BIM模型搭建	根据建设单位交付的扩初/施工图搭建BIM模型： 1. 建筑、结构部分 模型与服务内容列举，包括： 1）图纸上所含的建筑及结构构件信息，包括平面、立面、竖向构件（墙身、柱）、楼梯、扶梯（含基坑与承台、坡道）； 2）模型全面反映图纸轴线标注信息； 3）混凝土结构：及时正确反映混凝土平面内容； 4）隔墙墙体深化部分：包含墙定位、墙厚、门洞尺寸及定位； 5）防火门、防火卷帘； 6）检查车库、商铺、公共走廊、办公、设备机房等各类空间是否如实满足设计要求 2. 机电部分 模型与服务内容列举，包括： 1）建模范围是机电全专业，包括：暖通、给水排水以及电气专业； 2）管线要求：直径大于20mm的各机电专业管线、设备机房内的管线、阀门、管线的坡度； 3）各类机电末端列举：喷淋、风口、阀门、消火栓、排烟口、正压送风口、风机盘管等
2	碰撞报告以及 优化建议	1）以表格形式记录核查的问题类型、次数统计、位置描述或索引。索引编号原则应清晰反应所属专业与图纸编号； 2）按内容需要，配以二维CAD图纸（截图）、三维模型（截图）乃至实际现场照片，进行必要的对照、标记与说明； 3）碰撞内容列表（应该按照华阳国际BIM技术应用研究院冲突检查报告模板记录），其中编号原则应清晰区分不同专业构件，反映对应图纸编号，并应经甲方批准； 4）以三维模型的碰撞检查报告为基础，与设计院进行项目会审，再根据设计院的修改图纸，对模型进行相应的修改； 5）所有设计成果的电子文档应采用Revit2016、Navisworks2016、AutoCAD2010、PDF及Microsoft Office2010制作，阶段性设计成果以光盘形式提交
3	管线综合 深化设计	将模型中发现的主要碰撞问题进行综合优化，提出优化意见 综合处理管线之间和建筑之间的关系 1）综合设计单位和业主的意见回复，重新调整管线模型和必要的建筑模型、修改相关模型信息内容； 2）对机电管线主管线的竖向布置、横向排布进行管线综合

施工阶段交付内容　　　　　　　　　　　　　　　　　　表 13-3

序号	施工阶段	成果要求
1	竣工模型	具备项目所使用的材料及设备信息检查功能：厂家信息、规格信息、进场信息、开箱信息、报检送检信息、质量检测报告、使用部位信息、试运行信息、保修信息等，施工过程中修改以及更新参数，保证最终提交的竣工模型信息完整

四、交付格式

各项文件所提交的格式包括但不限于：

（1）BIM 模型　　　　　　　rvt、rfa；

（2）BIM 管理模型　　　　　P5D；

（3）进度模拟　　　　　　　mp4、wmv；

（4）节点模拟　　　　　　　mp4、wmv；

（5）动画漫游　　　　　　　mp4、wmv；

（6）可编辑电子文档　　　　doc、xls、ppt 等；

（7）出图文件　　　　　　　dwg、pdf。

五、交付形式

（1）项目各项资料必须以书面形式发送并抄送各参建方。书面形式是指合同书、信件和数据电文（包括电报、电传、传真、电子数据交换和电子邮件）等可以有形地表现所载内容的形式。

（2）书面内容需完整表达其信息内容，包括：称谓、主题、正文内容，并附带签名档。其要求如下：

1）保证称谓的准确性。

2）主题应简单、明确地概括邮件内容。

3）正文内容简洁易懂，要让收件人在最短时间内了解表达意图。

第七节　小结

深国际前海智慧港先期项目集高端住宅、办公、商业与一体。BIM 作为工程项目管理和技术手段，同时解决了项目过程中的方案可视化、设计优化、协同管理、施工管理、综合管控、装配式施工等多方面的问题，并引入运维规划，大幅度提高了工程建设质量和项目管理水平，各阶段 BIM 信息综合集成最终运维应用，从建筑全生命使用周期设想，项目效益不断增值。

项目后续将在 BIM 的智慧管理应用方向上继续努力，在前期优质的 BIM 工作成果基础上，更好地实现项目 BIM 运维管理的目标（图 13-50）。

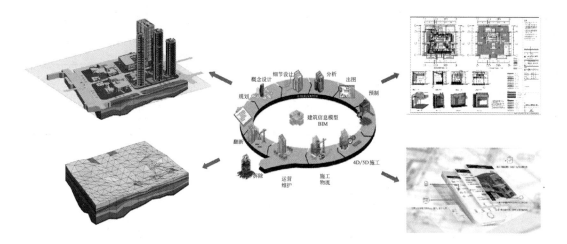

质量管控
- 利用BIM5D中提供的工艺、工序要求指导现场施工，桩基施工过程**质量稳定，验收一次合格**，且过程记录完整可查

质量管控
- 清晰了解项目施工进度，通过本项目的质量管控点的设定，可以在Web端**精确每根桩的施工质量情况**。减少了300多根桩可能出现终压值受力不足的质量隐患，使每根桩在终压值等质量管控方面做到有迹可寻、有据可查

进度管理
- 精确统计实际成本，减少进度报量过程中的扯皮现象，**每次进度报量减少约1工日**，实现快速进度报量

进度管理
- 在施工过程中，通过实时填写实际开始、实际完成时间，让业主方领导、各参与人员实时查看项目打桩数量，有效把控项目进度，**减少沟通成本**

技术创新
- 对桩基的跟踪方法可以在**其他构件上尝试应用**，但需要提高易用性和工艺库内内容

图 13-50　项目效益

第十四章　越秀金融大厦项目施工总承包 BIM技术应用

第一节　项目概况

越秀金融大厦位于广州市新中轴线——珠江新城CBD核心商务区之上，为商务办公建筑，用地面积约10836m²，总建筑面积210477m²，包括地下4层及地上68层，其中：地上建筑面积177377m²，地下建筑面积33100m²；总建筑高度309.4m（图14-1）。

图 14-1　项目整体效果图

1. 建筑工程概述

主体建筑以"折纸"型的创新外形设计，摆脱了呆板的传统方盒子写字楼形象；建筑主体以弧线、曲线为主要构成元素，富有动感的线条为建筑带来了生气和活力；将塔楼逆时针偏转约30°设置，使写字楼的南向景观最大化。

2．结构工程概述

主塔楼平面呈窄长形状，长度方向约63m，宽度方向约39.5m；立面上呈中间宽、上下窄的腰鼓形。主体结构采用带加强层框架核心筒+巨型斜撑框架的结构体系，内筒为钢筋混凝土核心筒，由五个并排的筒体组成（图14-2）。

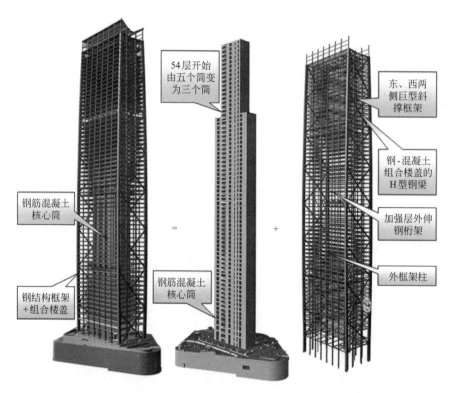

图 14-2　主体结构效果图

3．机电工程和幕墙工程概述

机电工程包括了电气、给水排水、消防、通风空调4大系统、26个子系统（图14-3）。

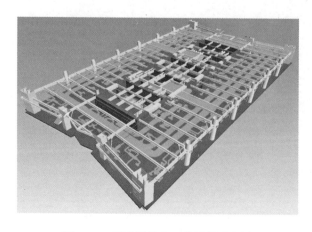

图 14-3　标准层机电工程局部示意图

整栋建筑物的幕墙系统由单层单元式玻璃幕墙、双层单元式玻璃幕墙（"呼吸"幕墙）、拉索式玻璃幕墙、三角形不锈钢幕墙、雨篷和天面格栅等多个系统组成。幕墙总面积约7.5万m²（图14-4）。

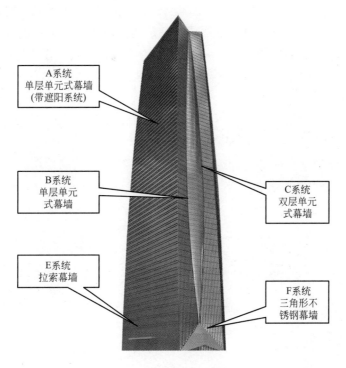

图14-4　玻璃幕墙整体效果

第二节　建模规则

本项目模型建模采用统一建模规则，不同专业采用不同颜色进行有效识别和区分。为保证构件的信息可以有效传递，本项目建模中采用的构件为Revit族库中的成品族，特殊结构的构件采取统一建族，统一使用的原则。

一、BIM系统建立

结构、建筑、机电总体按地下与地上两个部分进行划分。地下室按分区楼层划分。地上部分按楼栋进行分区。分区域划分后，完成区域建模再进行综合汇总。具体专业按以下原则划分：

（1）结构：按层数划分，包括该层的墙柱和上一层的梁板。

（2）建筑：按层数划分。

（3）机电：按系统划分，粗略可分为暖通、给水排水、电气三个BIM建模系统，如项目系统繁多也可按系统名字划分。在划分系统层级后，再划分为水平管段和竖向管段两部分。水平管段按层数划分，但是设备房或者设备层应该独立区分出来建模，而竖向管段可以按项目实际要求进行划分。

（4）幕墙及钢结构：幕墙工程及钢结构工程不再划分区域，统一考虑。

单区域文件大小不适宜超出100M。项目基点和定位按室外轴线确定该项目的基准点，建立样板文件。方位按设计单位提供图纸的方位为准。标高则建立绝对的标高体系，所有该项目的BIM模型均为统一标高，如有在项目中出现两栋建筑物不同楼层标高的情况，在标高上标注建筑栋号进行区分。标高命名按栋号_楼层_绝对标高的形式进行命名。例如，D6_1F_+0.00。

二、BIM模型文件命名及文件夹结构

文件命名使用按"栋号或分区_专业_楼层_类型"的形式命名，各名称均以下划线"_"进行分割，如果不需要类型也可忽略此项不填。例如，结构文件命名（A1_结构_1F.rvt），机电文件命名（A区_暖通_–1F_排风.rvt）。文件夹结构如图14-5所示：

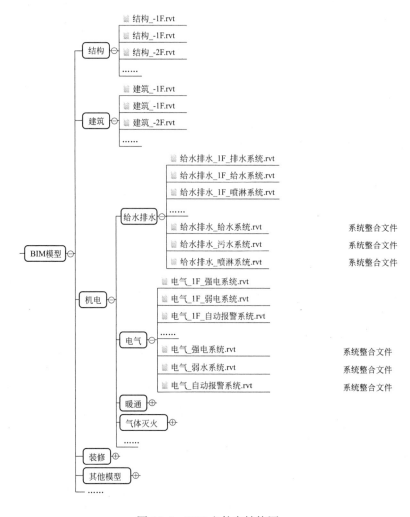

图 14-5　BIM 文件夹结构图

三、机电管线颜色标准

机电管线颜色标准如表14-1所示。

机电管线颜色标准　　　　　　　　　　　　　　　　表 14-1

专业	所属系统	图例名称	RBG
暖通部分	空调风	空调送风管	0，255，255
		空调回风管	0，0，255
		空调新风管	0，255，0
		空调排风管	255，255，255
	消防通风	消防排烟风管	255，102，0
		消防补风管	255，102，0
		消防加压风管	0，0，255
	空调水	空调冷冻供水	255，0，255
		空调冷冻回水	255，128，128
		空调冷却供水	0，0，255
		空调冷却回水	0，0，128
		空调冷凝排水	128，0，0
		空调冷媒管	102，0，102
给排水部分	给水	给水	51，51，153
		热水给水	153，51，102
		热水回水	255，204，0
		废水回用	102，102，153
		雨水回用	204，255，255
	排水	污水	51，153，102
		废水	51，153，102
		虹吸雨水	0，204，255
		雨水	51，102，255
		通气管	51，204，204
		压力雨水管	255，255，255
		压力污水管	0，128，128
		压力废水管	51，204，204
	喷淋	喷淋	255，153，204
		喷淋–细水雾	153，51，0
	消防	消防	255，0，0
		消防水炮管	153，51，0

专业	所属系统	图例名称	RBG
电气部分	强电	QD-MR-普通动力	0, 153, 153
		QD-MR-消防动力	102, 102, 255
		QD-母线	141, 184, 103
		QD-MR-普通照明	54, 113, 15
		QD-CT-普通动力	255, 128, 128
	弱电	RD-MR-TVS	255, 153, 0
		RD-MR-ELV	128, 64, 64
		RD-MR-UPS	0, 0, 255
		RD-MR-消防	202, 0, 0
		RD-MR-广播	128, 0, 64
		RD-MR-综合布线	210, 210, 0

第三节　施工阶段BIM应用

一、图纸复核和碰撞检测

摒弃传统建筑工程的做法，通过精细建模和应用BIM的碰撞检测功能，实现深入的图纸复核和全面的碰撞检测。以BIM技术应用为依托，根据各专业提供的施工图纸统一建立土建、钢结构、机电、幕墙、电梯、装饰装修等各专业的三维模型，再利用BIM这个公共信息平台把各专业的模型整合在一起，为进行深入的图纸复核和碰撞检测分析提供条件。利用三维立体模型可以清晰地反映出平面图纸中难以发觉的问题。通过BIM软件的模拟碰撞系统进行构件之间及构件与结构的碰撞检测，提前找出各构件碰撞点，向设计单位提出复核要求和调整建议。碰撞检测是BIM软件技术配合工程项目顺利开展的其中一项重要功能。它能分析出诸如机电管线之间、机电专业与结构专业之间的碰撞情况等（图14-6、图14-7）。

针对室外管线布置复杂、多层管道并存以及各系统埋深要求不一等情况，BIM团队根据室外园林、机电以及相关图纸进行了室外管线布置的精细建模，发现由于地下室支护结构边线距离地下室侧壁1.2m，冠梁顶部距离地面完成面只有1.6m的深度，而在地下室侧壁的边上设有两个雨水收集模块，且室外排水井位于支护结构之上，按原设计图纸设置排水井的话空间不够，将造成大规模的支护结构打凿。此外，有一条雨水管道由于受到室外弱电人孔的限制（该雨水管需在人孔下方进行布置并负责其排水）造成该管道上的整个雨水系统的末端排水井的井底标高只有-3.95m，而接至的市政雨水井管道底标高为-3.11m，造成无法正常排水（按原设计布置将发生倒涌，图14-8）。

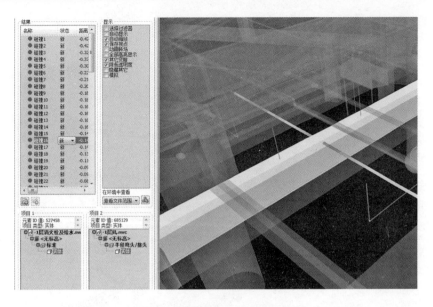

图 14-6 机电管线与结构碰撞情况

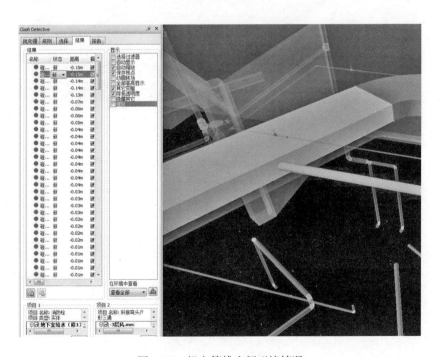

图 14-7 机电管线之间碰撞情况

　　为了便于日后施工以及消除因设计上存在的问题而导致费用的增加和缩短工期，决定采用外径较小、较为灵活的成品塑料井来代替砖砌井道，同时利用支护结构与地下室侧壁之间 1.2m 空隙来安放成品井（成品井最大尺寸外径为 $\phi630$，管道最大为 $DN400$），在雨污共存的地方采用雨水井与污水井错位安放的方法进行布置，该优化方案得到了设计单位的认可（图 14-9）。

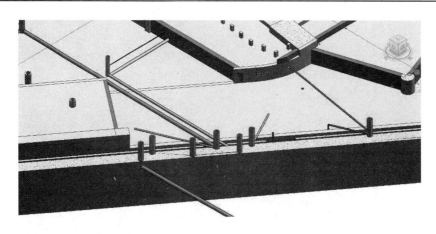

图 14-8　原设计成品井嵌入冠梁示意

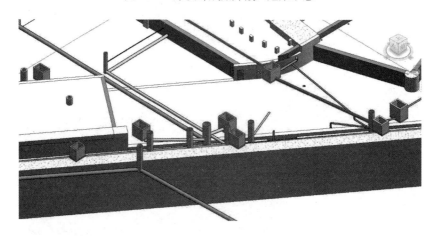

图 14-9　优化调整成后示意

二、4D 施工模拟

本项目工期紧、专业繁多，对各节点的工期控制是总承包管理的核心内容。利用虚拟施工，将空间信息与时间信息整合在一个可视的 4D 模型中，更直观、精确地反映各个建筑各部位的施工工序流程，对实际施工进度与进度计划进行动态管理，有效地协调各专业的交叉施工，保证工程进展顺利（图 14-10）。

在大型项目中，各井道施工工序是项目协调管理工作的一个老大难问题。在小小的井道空间内，涉及了结构施工、机电管线安装、砌筑批荡等多个工序穿插作业，如工序安排不当，会影响下一工序难以施工，往往要推倒返工。

本项目电梯、水电管线均集中在核心筒内，各种竖向井道是辅助的功能核心区。在对竖向管井施工协调方面过程的动态管理上，BIM 团队应用 BIM 进行施工精细化管理，利用 BIM 的虚拟施工进度技术，把进度计划同步链接到虚拟施工进度模拟过程里，将空间信息与时间信息整合在一个可视的 4D（3D+时间）模型中，直观、精确地反映各个建筑各部位的施工工序流程，对相关施工班组进行工序交底和各专业施工流程编排，减

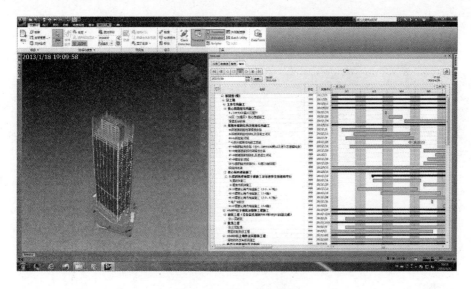

图 14-10　施工方案模拟

少各专业交叉施工中的相互影响。避免出现因完成墙体砌筑后无法进行管道安装需拆除墙体或因安装了管道后无法进行墙体批荡需拆除管道而形成的二次施工情况发生，达到现场管理的控制要求，并让管理者可以随时观看任意时间应达到的施工进度情况，通过储存在数据库中的信息，能实时了解各施工设备、材料、场地情况的信息，以便提前准备相关材料和设施，及时而准确地控制施工进度（图 14-11、图 14-12）。

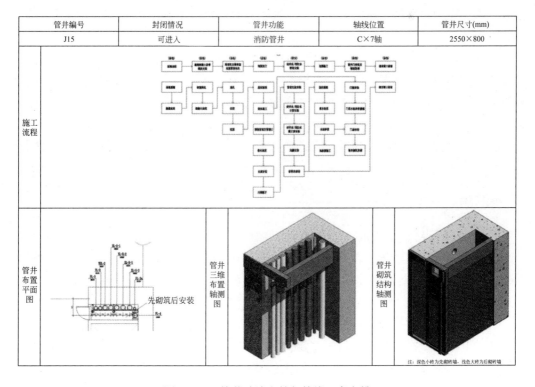

管井编号	封闭情况	管井功能	轴线位置	管井尺寸(mm)
J15	可进入	消防管井	C×7轴	2550×800

图 14-11　管井砖墙砌筑与管线工序安排

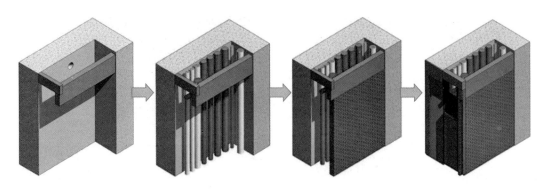

图 14-12　虚拟施工进度动画工序交底截图

三、复杂节点优化

本项目建筑物高度达309.4m，而平面形状呈窄长的矩形，长宽比例约1∶2，为增强侧向刚度而采用了带加强层框架核心筒+巨型斜撑框架的结构形式，巨型斜撑框架由日字形复合钢管混凝土柱与斜撑梁组成。日字形复合钢管混凝土柱的柱脚，其锚筋多、预埋部位钢筋密集，且日字型钢管柱与底板水平钢筋由于角度不协调，引起的钢筋与埋件锚筋交错碰撞及不能通长布置，是一个非常复杂难处理的节点。

日字形复合钢管混凝土柱的柱脚安装在地下室底板上，由定位调节螺栓、锚筋、预埋钢板、柱脚钢板等部分组成，锚杆共170根，均深入地下室底板，部分定位调节螺栓深入桩头。柱脚埋件尺寸大、锚筋多、直径粗，且非常密集，特别是中间圆管柱的部分（图14-13）。

为确保该节点顺利施工，BIM团队对该部位底板钢筋和柱脚埋件按设计图纸进行了精细建模和模拟优化，将原设计钢筋做法改为柱脚范围外的面筋伸至埋件边时沿柱脚钢板下弯，柱脚的内面筋平行或垂直埋件布置并与柱脚外面筋搭接 $1.6 \times Lae$，并且调整日字型钢柱埋件内的圆形埋件的安装角度，减少面筋与锚筋的碰撞（图14-14）。

利用BIM技术，进行精细建模和施工流程模拟，对复杂节点进行深化设计及优化，大大提高了建筑质量，缩短了建设周期（图14-15）。

四、施工方案模拟优化

1. 优化大型施工设备布置

为配合钢结构吊装施工，本项目安装了2台M900D内爬式塔吊。把2台M900D塔吊设置于核心筒内，并居中布置，使塔吊能均衡地覆盖各个方向，从平面布置图上并没有发现什么不合理之处（图14-16）。

通过对核心筒结构和塔吊进行精细的建模，并模拟爬升的全过程，发现塔吊在爬升过程中，其支撑梁有很多地方与机电留洞发生冲突，其中一处冲突部位是塔吊支撑架的主要受力点，最大的集中荷载达到200多t，若不及时发现并提前处理，将会给塔吊的使用带来非常大的危险（图14-17）。

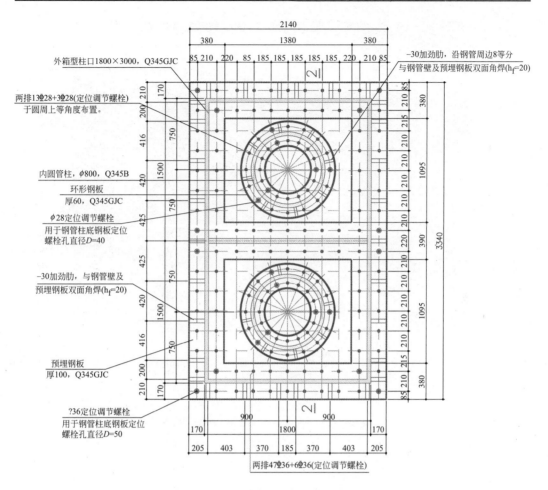

外箱型柱口1800×3000，Q345GJC

两排13Φ28+3Φ28(定位调节螺栓)
于圆周上等角度布置。

内圆管柱，φ800，Q345B

环形钢板
厚60，Q345GJC

φ28定位调节螺栓
用于钢管柱底钢板定位
螺栓孔直径D=40

-30加劲肋，与钢管壁及
预埋钢板双面角焊(h_f=20)

预埋钢板
厚100，Q345GJC

?36定位调节螺栓
用于钢管柱底钢板定位
螺栓孔直径D=50

-30加劲肋，沿钢管周边8等分
与钢管壁及预埋钢板双面角焊(h_f=20)

两排47Φ36+6Φ36(定位调节螺栓)

图 14-13 日字形复合钢管柱柱脚平面图

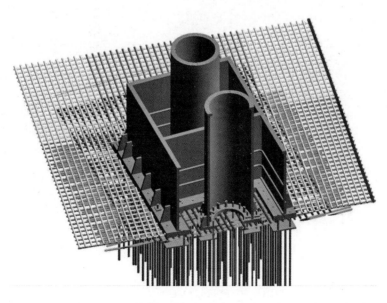

图 14-14 优化后的钢管柱柱脚埋件及锚筋与底板水平钢筋布局模拟

图 14-15　现场施工图

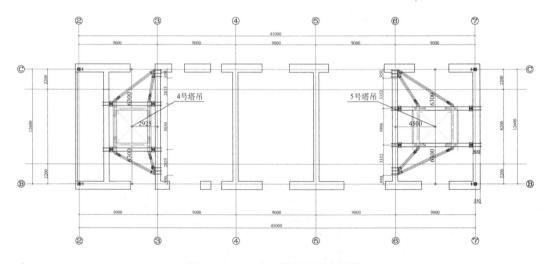

图 14-16　M900D 塔吊平面布置图

　　利用 BIM 模型，进行了平移塔吊位置、调整机电留洞和先行封堵留洞等多个方案的比较和优化，最后方案确定为将吊的定位向南平移 500mm。在安装前就把塔吊定位进行调整，对整体施工影响最小，不但避开了立面上所有的机电洞口，对钢结构吊装没有影响，同时也确保了施工安全（图 14-18）。

　　2. 大型设备吊装运输方案的模拟优化

　　本项目 33 层是设备层，由于该层设备尺寸大、重量重，所以方案拟定采用 M900D 塔吊进行设备吊运，在 33 层北侧轴②～轴③之间设置卸料平台，设备吊运至 33 层后先

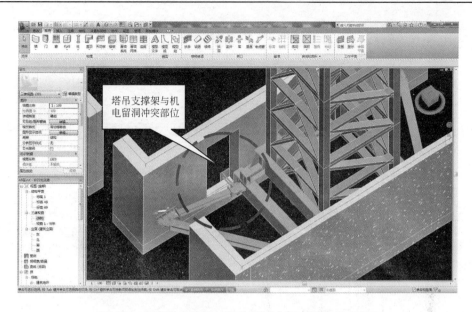

图 14-17　塔吊支撑架与机电留洞冲突示意图（正面）

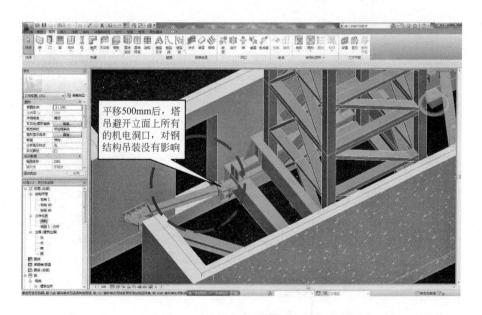

图 14-18　塔吊定位调整示意图

在卸料平台上卸下，利用卷扬机、地坦克及千斤顶等设施将设备从卸料平台上移到机房安装位置就位，吊装运输顺序由东至西 LJ-10→LJ-8→LJ-7→……→LJ-9（图 14-19）。

通过对整个吊装过程进行模拟，发现在运输路线上，结构梁将会阻碍设备的运输：①在卸料平台处，结构边梁的高度阻碍了设备进入室内的通道。②在运输通道上，加强层桁架上的横梁阻碍了设备通过（图 14-20、图 14-21）。

针对上述问题，BIM 团队立即组织机电安装单位和钢结构安装单位进行协调，提出卸料平台部位的边梁及运输通道上的结构横梁延后安装，为设备的运输预留出通道。由

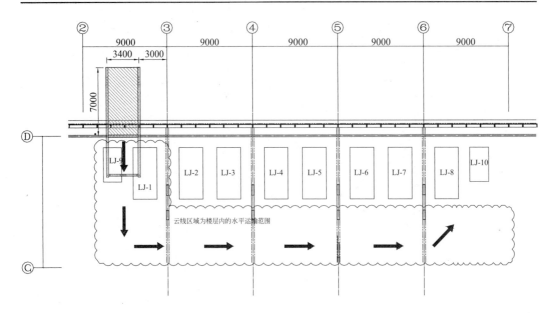

图 14-19　方案运输路线示意图

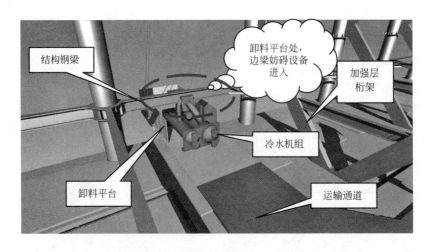

图 14-20　边梁阻碍设备进入室内

于调整后的方案涉及结构钢梁要推迟安装，对结构有一定影响，BIM 团队又同时联系了设计单位，协商了该做法，得到设计单位的认可后才组织正式施工。

3. 优化吊装顺序，加快钢结构安装进度

本项目钢结构按巨型斜撑框架分段共分为 8 个节区，安装总量 2.5 万 t，主要构件约 1.2 万个，单个构件最大重量约 45t，构件多、体量大、重量大是本项目钢结构工程的特点。

由于构件体积、重量大，只能考虑采用 M900D 塔吊进行吊装，在起重设备上受到了限制；另外，钢结构焊接工作量大，且易受天气影响，所以钢结构的安装进度是影响工程整体进度的主要因素，其施工安排对于工期的控制尤为重要。

图 14-21　横梁阻碍设备通过

　　因为钢构件数量多，空间位置复杂，所以在钢结构施工方案中对安装顺序没有很精细的安排，而只有粗放的分区和总体流程安排。因此，在第一节区的钢结构安装施工中，由安装班组根据自身的施工经验安排构件的吊装，吊装顺序没有经过详细的策划和交底，结果完成第一节区吊装共用了 45 天，超过了计划工期。如继续按此状态施工，将直接影响节点工期的实现（图 14-22）。

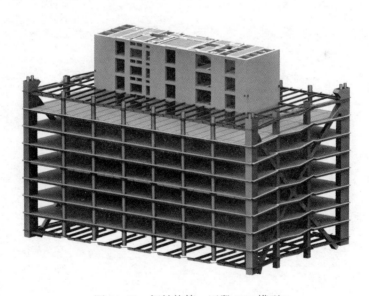

图 14-22　钢结构第一区段 BIM 模型

　　于是，对第一节区的吊装进行了总结，发现存在以下问题：

（1）构件单次吊装时间欠缺考虑。

（2）构件的吊装路线及顺序不合理。

（3）未能充分利用塔吊的工作时间。

针对上述问题，BIM 团队对钢结构的吊装顺序及时间安排进行模拟分析，以一个节区的构件安装为例，把吊装施工的安排细化到各个构件（图14-23）：

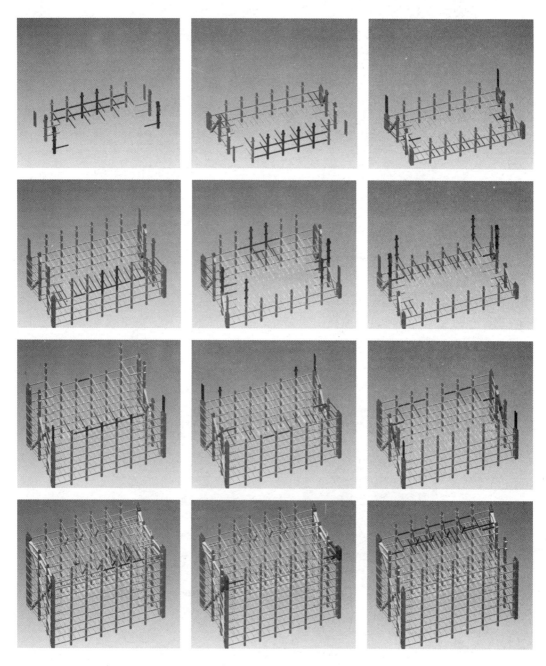

图 14-23　一个节区的钢结构构件安装模拟

通过BIM模拟优化，本项目克服了吊装路线及顺序不合理等缺点。根据模拟的结果，BIM团队对钢结构安装班组进行了详细的交底和实际验证，最终在后面节区的施工中，将原45天一个节区的吊装工期，优化调整为36天一个节区，大大缩短了安装时间，确保了节点工期的实现。

五、衍生开发物料跟踪系统，提高构件和材料管理水平

物料的跟踪管理一直是个难题，为解决该问题，BIM 团队结合项目现场实际的管理需求，利用 BIM 软件导出材料、设备等信息数据的功能，自主衍生开发一套用于监控物料在施工过程中各阶段情况的"物料跟踪系统"（图14-24）。

图 14-24　物料跟踪系统开启画面

下面以本项目的钢结构工程为例，介绍物料跟踪系统的应用情况。本项目钢结构加工、安装总量约2.5万t，主要钢构件数量约1.2万个。每层约有20根柱构件（含日字形复合钢管柱内的圆管柱）、约80根钢梁、4根劲性柱、6段斜撑构件及约20捆钢筋桁架模板。构件多、体积巨大、堆放场地紧张，是本项目钢结构的特点，而且钢结构施工直接影响结构施工工期的实现。

1. 物料跟踪系统使用流程（图14-25）

2. 建立模型，录入信息

在建立 BIM 模型的时候，有意识地根据深化设计图纸上的构件信息在各个构件上赋予独立的名称、尺寸、型号、材质、图纸编号等约束参数。利用 BIM 软件的

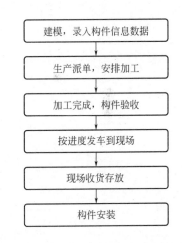

图 14-25　物料跟踪系统使用流程

Excel 表格转化输出功能，把建模时被赋予了信息数据的模型转化成 Excel 表格（也就是构件信息表），通过该表格就能快速、准确地得到每个构件的信息资料。再把从 BIM 软件导出的构件信息表（EXCEL表）导入"物料跟踪系统"中。物料跟踪系统就会根据导入的 EXCEL 表格，自动生成构件信息表。信息表中的构件编号、尺寸、重量等信息，与 BIM 模型的信息是一一对应的（图14-26、图14-27）。

3. 生产派单，工厂加工

项目现场根据施工进度要求对下阶段所需要的构件进行生产派单，也就是由现场向加工厂下达加工的指令。利用系统制作生产派单，使用平板电脑逐个扫描生产派单上的

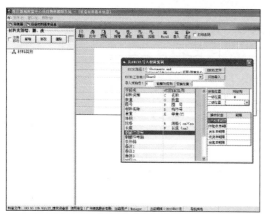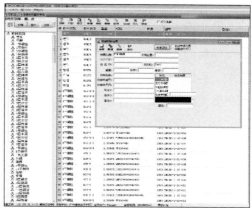

图 14-26　在物料跟踪系统中导入构件信息表

序	材料类别	材料名称	重量	规格	长度	图号
12	1节钢柱	1CA-1-1	11.22161	BOX3000*1800*40*50	1400	HN150-1-1C-001
13	1节钢柱	1CA-1-2	2.33545	Φ800*40	2360	HN150-1-1C-002
14	1节钢柱	1CA-1-3	2.33545	Φ800*40	2360	HN150-1-1C-002
15	1节钢柱	1CA-2	2.62779	Φ1200*45	1350	HN150-1-1C-003
16	1节钢柱	1CA-3	2.62779	Φ1200*45	1350	HN150-1-1C-003
17	1节钢柱	1CA-4	2.62779	Φ1200*45	1350	HN150-1-1C-004
18	1节钢柱	1CA-5	2.62779	Φ1200*45	1350	HN150-1-1C-004
19	1节钢柱	1CA-6	2.62779	Φ1200*45	1350	HN150-1-1C-005
20	1节钢柱	1CA-7	2.62779	Φ1200*45	1350	HN150-1-1C-005
21	1节钢柱	1CA-8-1	11.22161	BOX3000*1800*40*50	1300	HN150-1-1C-006
22	1节钢柱	1CA-8-2	2.33545	Φ800*40	2360	HN150-1-1C-007
23	1节钢柱	1CA-8-3	2.33545	Φ800*40	2360	HN150-1-1C-007
24	1节钢柱	1CB-1	2.59353	BOX1200*1300*30	1350	HN150-1-1C-008
25	1节钢柱	1CB-2	1.09805	WH625*300*40*40	2350	HN150-1-1C-008
26	1节钢柱	1CB-7	1.09805	WH625*300*40*40	2350	HN150-1-1C-009
27	1节钢柱	1CB-8	2.59353	BOX1200*1300*30	1350	HN150-1-1C-009
28	1节钢柱	1CC-1	2.59353	BOX1200*1300*30	1350	HN150-1-1C-010
29	1节钢柱	1CC-2	1.09805	WH625*300*40*40	2350	HN150-1-1C-010
30	1节钢柱	1CC-7	1.09805	WH625*300*40*40	2350	HN150-1-1C-011
31	1节钢柱	1CC-8	2.59353	BOX1200*1300*30	1350	HN150-1-1C-011
32	1节钢柱	1CD-1-1	11.22161	BOX3000*1800*40*50	1400	HN150-1-1C-012

图 14-27　物料跟踪系统中生成的构件信息表

构件条形码，数据就能通过网络传输到系统中，信息直接反馈到加工厂，工厂收到信息指令，就可以根据派单信息开始构件的加工制作了。这样的做法，使现场的堆放、安装与工厂的加工紧密结合起来，项目根据现场的安装进度和堆放场地情况确定加工进度，工厂根据现场指令安排加工，也减少了在厂内堆积的环节（图 14-28）。

4. 完成加工，构件验收

构件在工厂加工制作完成后，要先进行验收。加工厂应用物料跟踪系统生成验收单，在工厂就可以对验收合格的构件使用平板电脑进行扫描，信息直接就能够反馈到施工现场，让现场能够同步并清楚地掌握构件的完成情况。管理人员结合现场情况和工厂情况对工厂提出构件发车要求（图 14-29）。

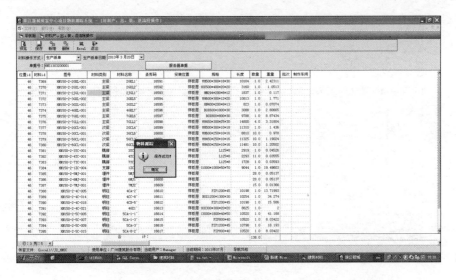

图 14-28　"物料跟踪系统"生成生产派单

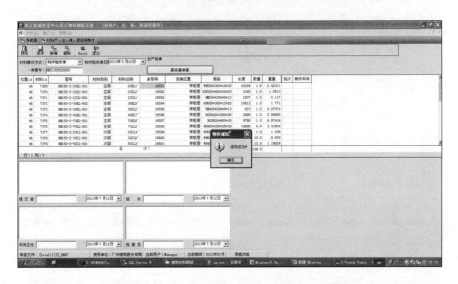

图 14-29　"物料跟踪系统"生成构件验收单

5. 现场指令，工厂发车

项目现场根据堆放场地情况和安装进度要求，向工厂发出发车的指令。工厂对现场需要的构件进行装车，并制作发车单，扫描信息传入系统（图 14-30）。

6. 现场收货，规划堆放

用发车单信息在系统中转换成收货单，在构件进场时做到"一扫一进"并且参照收货单信息规划堆放场地（图 14-31）。

7. 现场安装，录入完成

对应现场安装完成情况，及时把安装完成的构件单据扫描录入系统中（图 14-32）。

8. 物料跟踪系统使用情况总结

利用物料跟踪系统，项目各参建单位以及现场的管理人员能即时在电脑上跟踪了解

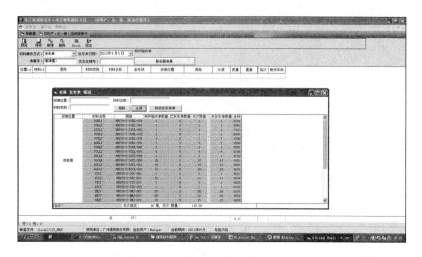

图 14-30 "物料跟踪系统"生成发车单

图 14-31 "物料跟踪系统"生成收货单

图 14-32 "物料跟踪系统"生成安装单

钢结构构件的深化、下单、生产、验收、发车、进场、安装等实时情况，达到对每个钢结构构件的动态跟踪，与现场实际的总体施工计划做比较，避免因为钢结构构件的生产延误、验收整改、发车缺货等情况的发生而导致施工进度的滞后，从而使每个环节的运作更加合理地进行安排。

在本项目中，先在钢结构工程中应用了物料跟踪系统，获得了良好的效果，后面又推广应用到幕墙工程中，得到项目各参建方的一致好评！

六、通过模拟优化，实现3m楼层净空

1. 确保3m楼层净空高度的原因

本项目位于广州市珠江新城核心商务区，定位为区域总部级的写字楼，如何在周边同等级写字楼中脱颖而出，提高项目的市场竞争力，是建设单位考虑的核心问题。

建设单位提出在标准层高4.2m的前提下，必须确保装饰完成面净空高度达到3.0m。

经过对珠江新城周边的利通广场、富力盈隆大厦、广晟大厦等一批高档写字楼进行调研，发现同类项目层高同为4.2m的前提下，完成后楼层净空高度一般只能控制在2.6～2.8m，仅有少部分能达到2.9m，基本没有达到3.0m的。这说明，要实现建设单位提出的3.0m楼层净空高度的目标确实是一项非常艰巨的任务。

2. 影响3m楼层净空高度实现的因素分析

根据各专业施工图和管线综合平衡图，对标准层进行了精确的建模和详细的分析。对标准层多个部位进行了剖切比较，最终选取了风管出核心筒的部位和管道转角处钢梁截面高度两处最不利的位置，对3m楼层净空高度影响因素进行分析（图14-33）。

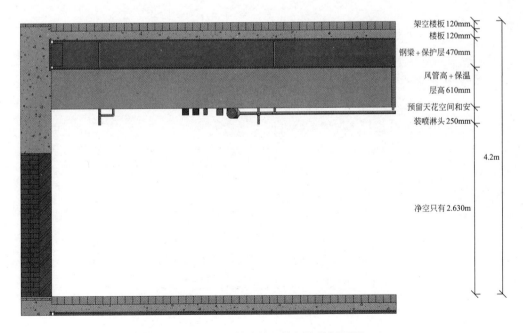

图 14-33　风管出核心筒部位的剖面图

根据上述影响因素，计算建筑完成面净空高度如表14-2所示。

建筑完成面净空高度分析 表 14-2

序号	标准层高度（m）	组成部分	高度（m）	分析
1		架空楼板	0.12	不可调
2		上层楼板结构	0.12	不可调
3		钢梁（含防火涂料）	0.47	可调整为变截面梁，局部压缩高度
4	4.2	主送风管（含保温层）	0.61	在保持风管截面面积前提下，可调整其截面的长宽尺寸
5		喷淋主管、天花	0.25	消防管线与风管垂直的部位，紧贴于风管底部
6		理论建筑完成面净空高度	2.63	—

结论：按原设计进行布置，建筑完成面的净空理论值只有2.630m，如再扣除施工误差，将远远低于建设单位所要求的3m楼层净空高度的要求。

BIM团队对上述影响因素进行综合分析，若要实现3m净空高度，需针对以下几点进行优化调整：

（1）空调主送风管需利用钢梁之间的空隙进行布置。

（2）支送风管的高度不能大于260mm（包含30mm的结构误差）

（3）核心筒周边通道必须具备620mm的高度空间。

3．应用BIM技术进行优化

针对分析出来的主要影响因素，BIM团队立即展开了优化工作：

（1）将主风管接支风管的三通连接改为静压箱连接，支风管通过静压箱过渡时不会受到钢梁的影响，成功地把主风管的标高向上提高了。

（2）把原来的2条1600mm×360mm支风管改为4条1400mm×250mm支风管，均与静压箱连接，且支风管顶部紧贴钢梁布置，这样做，压缩了风管的截面高度，也提高了支风管的安装高度。

（3）由于管线集中于靠近核心筒一侧，如经复核后可满足承载力要求，则钢梁可设置为变截面结构，局部降低梁截面高度。我们把优化意见提交原设计单位，经过复核计算后，同意将靠近核心筒一侧局部钢梁截面高度由450mm调整为300mm，则净空高度由原先的490mm上升到640mm，满足安装布置要求。

通过上述优化措施，理论建筑楼层净空高度可达到3m的目标要求。BIM团队马上组织了各专业施工单位进行了交底，并落实现场按优化方案进行安装施工（图14-34）。

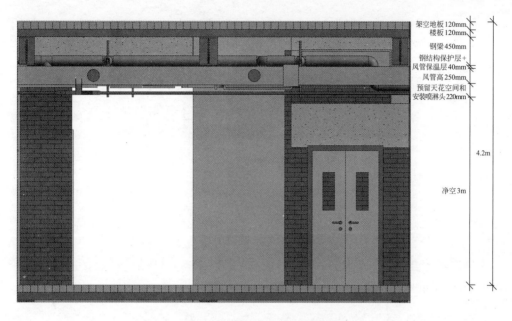

架空地板120mm
楼板120mm
钢梁450
钢结构保护层+
风管保温层40mm
风管高250mm
预留天花空间和
安装喷淋头220mm

4.2m

净空3m

图 14-34 优化后的楼层空间剖面图

第四节 交付内容与交付格式

在本项目的实施过程中、结束时提交的 BIM 成果包括如表14-3所示的内容。

成果交付内容 表 14-3

交付成果	交付内容	交付格式
BIM模型	轻量化模型	*.rvt
图纸复核和碰撞检测	碰撞检测报告	*.pdf
4D施工模拟	模拟动画、图片	*.nwd、*.jpg
复杂节点优化	优化模型、优化方案	*.rvt、*.pdf
施工方案模拟	模拟动画	*.mp4
物料跟踪系统	物料跟踪系统（含手册）	软件系统
净空优化	优化方案	*.pdf

第五节 小结

本项目通过 BIM 应用技术的实施，实现了施工总承包项目精细化管理，使工程项目在工期、质量、安全上得到保证。通过项目实践，为 BIM 技术在施工总承包项目的应用积累了经验，增强了企业自身发展的实力，也有利于 BIM 技术在行业内推广。

第十五章 广州宏城广场综合改造工程 BIM技术应用

第一节 项目概况

一、工程概况

宏城广场综合改造工程位于广州市新中轴线北端，是一座地下3层，地上2层总建筑面积11万 m² 的地标性商业中心（图15-1）。

图 15-1 宏城广场综合改造工程总览

二、应用 BIM 技术的原因

本项目工期紧、体量大、难度高：桩，7580根；土方挖运，70万 m³；混凝土浇筑，15万 m³；多曲面网架，7000t；外幕墙及膜，2万 m²。毗邻双地铁线，基坑土方开挖流程复杂。同层结构标高多，薄壳网架结构定位复杂。因此组建BIM团队，采用BIM技术辅佐施工（图15-2）。

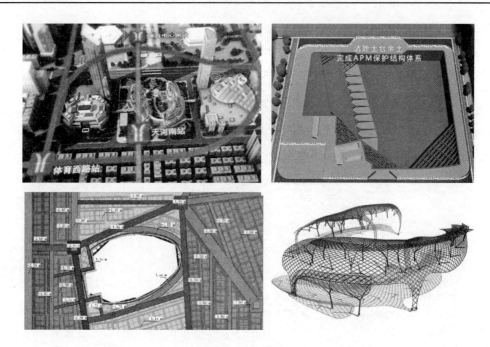

图 15-2　工程特点

第二节　BIM团队设施

一、BIM团队

项目BIM团队如图15-3所示。

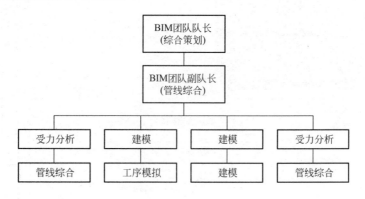

图 15-3　BIM 团队

二、软件硬件配置

为配合完成本项目BIM技术的开展与应用，本项目采用主流的BIM建模软件AUTODESK-Revit，配置多台高性能台式机作为BIM绘图工作站及服务器（表15-1、表15-2）。

BIM 实施配套软件资源表　　　　　　　　　　　　表 15-1

序号	应用软件	作用
1	AUTOCAD2015 	AUTOCAD 是 Autodesk（欧特克）公司开发的自动计算机辅助设计软件，用于二维绘图、详细绘制、设计文档和基本三维设计。本项目中用于观看设计提供的 CAD 图，并作为 BIM 建模过程中的辅助工具
2	REVIT2015 	本项目将采用 Autodesk Revit 作为结构、建筑及机电管线专业的三维建模核心软件。Revit 及 MEP 不仅能达到三维可视化及工程数据化，对工程的关键点分析（结构与机电管线的碰撞及机电管线相互间的碰撞）、工程量的统计都起到重要作用
3	NAVISWORKS2015 	利用 Revit 及 MEP 建模完毕后，可导入 Navisworks 进行各专业的合拼及三维演示，用于设计例会及工程例会。Navisworks 亦可与 MicrosoftProject 计划联动
4	MIDAS 	结构设计有限元分析软件，是一款专门适用于土木领域的高端非线性分析和细部分析软件

BIM 实施配套硬件资源表　　　　　　　　　　　　表 15-2

电脑硬件配置		
操作系统	Windows7 旗舰版 64 位	
处理器	英特尔 Core（TM）i7-4790@3.60GHz 四核	
主板	技嘉 B75M-HD	
内存	16G	
硬盘	三星 SSD840PRO Series	
显卡	Nvidia GeForce GTX660（2GB）	

续表

电脑硬件配置

惠普 HP Z620 工作站配置

操作系统	Windows7 专业版		
主机	HPZ620Workstation	端口	4 个 USB3.0 端口 5 个 USB2.0 端口 2 个 IEEE1394a 端口 2 个麦克风插孔 1 个耳机插孔 2 个 RJ-45 接口 1 个音频线路输入端口 1 个音频线路输出端口 / 耳机 （5 个内置 USB2.0 端口）
机箱电源	HPZ620800W90%EfficientChassis		
附件包	HP Z620Country Kit		
标识	China Regulatory CCC Compliance Mark		
处理器	Intel Xeon E5-2620 2 15MB1333 6C1CPU/ 超频至 2.5G		
内存	16GB DDR3-1600（4×4GB）1CPU Reg RAM		
图卡	NVIDIA Quadro K2000 2GB 1st GFX Spl	扩展插槽	2 个 PCIeGen3×16； 1 个 PCIeGen3×8； 1 个 PCIeGen2×8； 1 个 PCIeGen2×4； 1 个 PCI
硬盘 1	1TB7200RPM SATA1st HDD		
硬盘 2	1TB7200RPM SATA2st HDD		
光驱	16×SuperMulti DVD 刻录	鼠标	HP USB 鼠标
键盘	HP USB 键盘	安全选件	HP TPM Disable

第三节　建模规则

一、单位和坐标

（1）项目长度单位为 mm。

（2）使用相对标高，±0.000 即为坐标原点 Z 轴坐标点；同一楼层的建筑、结构和机电使用自己相应的相对标高。

（3）为所有 BIM 数据定义通用坐标系。同一楼层的建筑、结构和机电统一采用一个轴网文件；各个楼层的原点应对应总平面的绝对坐标设置相对坐标，保证模型整合时能够对齐、对正。

（4）建立"正北"和"项目北"之间的关系。

二、土建模型建模标准

（1）应保证BIM模型在各个阶段的完整性，如屋顶机房女儿墙、空调室外机搁板、烟道、结构柱帽等细部模型均应建模。

（2）构件几何信息、位置、标高、所属楼层等参数正确，与施工图相符。

（3）按施工图正确设置构件材质，混凝土结构构件要求区分混凝土标号。

（4）竖向构件（墙、柱等）按楼层划分，除整体幕墙外不应出现跨越多个楼层的构件。

（5）施工阶段要求结构梁、板按施工区段拆分，设计阶段不作要求。

（6）构件标高设置需注意结构标高与建筑标高的区别。Revit模型文件里的标高设置应按建筑标高设置，结构的梁板柱标高设置需按施工图纸设置相应偏移值。

（7）结构构件如有预留孔洞，BIM模型中需有反映；楼板开洞需按结构施工图设置，要求用编辑楼板边界的方式开洞，不允许用"竖井"命令开洞。

（8）结构楼板与建筑楼板（含填充层、面层）应分开建模，外墙的砌体墙与面层（含填充层）应分开建模。

（9）注意砌体墙与结构楼板、建筑楼板之间的关系，砌体墙应砌于结构楼板之上，而非建筑楼板之上；建筑楼板应以房间墙体为界。

（10）建筑施工图设置有吊顶的区域，吊顶按建施的高度及材料建模。

（11）按建筑施工图设置房间并命名，房间高度设至上层楼板底或吊顶。

三、设备模型建模标准

（1）设备管线BIM模型应完整、连接正确。

（2）设备管线类型、系统命名应与施工图一致。

（3）设备管线应按施工图正确设置材质。

（4）施工图中的各类阀门应在BIM模型中反映。

（5）有坡度的管道应正确设置坡度。

（6）有保温层的管道应正确设置保温层。

（7）机械设备、卫生洁具模型应大致反映实际尺寸与形状，避免精细化模型。

（8）施工阶段BIM模型中，设备管线支吊架宜建模。

四、管线综合管控要点

（1）管线综合应在施工图设计阶段和施工深化阶段各完成一次。

（2）施工图阶段管线综合过程中，设计单位应与BIM管线综合互相配合，根据最终BIM模型所反映的三维情况，调整二维图纸，使两者保持一致。

（3）施工深化阶段BIM管线综合应在设计阶段成果的基础上进行，并加入相关专业深化的管线模型，对有矛盾的部位进行优化和调整。专业深化设计单位应根据最终深化BIM模型所反映的三维情况，调整二维图纸。

（4）管线综合过程中，如发现某一系统普遍存在影响合理管线综合，应提交设计单位做全系统设计复查。

（5）需特别注意特殊的结构形式对管线综合的影响，如局部楼板升降、无梁楼盖、结构柱帽、变截面梁等。

（6）管线综合设计过程中应考虑安装检修空间、支吊架占用空间、不同类型管线间距等因素，使管线综合设计成果切实可行，BIM模型可直接指导施工。

（7）各设备专业管线模型之间的实体碰撞检查（应按以下准则进行）：

1）主风管贴梁底敷设，其他（除重力管）管线避让。

2）遇重力排水管的地方，其他管线避让重力管。

3）遇管线交错的时候，小管避让大管。

4）遇立管的位置，水平管线避让立管。

5）电气管线在水管上方布置。

6）遇风口位置，其他管线避让风口及其支管。

（8）管线综合后需运行碰撞报告，然后进行对应的模型调整与修改；修改后再运行碰撞检查，在周例会上提出，对碰撞后调整的结果进行各方确认。

第四节 施工阶段BIM应用

一、施工工艺模拟

1. 基坑支护及土方开挖阶段

项目基坑有地铁APM线穿过且南侧临近一号线，施工安全十分重要。项目通过建立BIM模型，优化设计方案，最终与设计确定"旋喷桩＋旋挖桩＋内支撑"的支护形式，土方开挖完成后，用永久结构底板将两侧桩连接，形成门式刚架保护体系（图15-4）。

图 15-4 基坑支护及土方开挖施工模拟

基坑支护及土方开挖施工采用BIM技术，优化了设计方案；合理规划挖土顺序，解决了现场技术难题。施工期间地铁APM线、一号线正常运营，获得地铁公司的高度评价。

2. 结构施工阶段

本项目结构造型多变、标高繁多、弧形梁多、节点钢筋密集、预埋件施工难度大（图15-5）。

图 15-5 现场施工图

团队利用BIM技术对结构标高进行分析并自动生成三维模板图，让施工班组对多变的梁板标高及弧形梁的定位放线清晰明了。支模施工完成后再次使用模型进行复核，大大减少了现场施工误差（图15-6）。

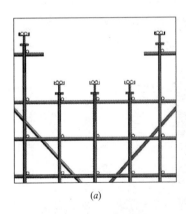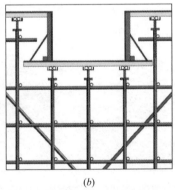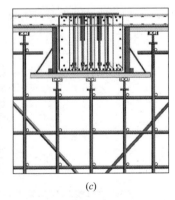

| （a） | （b） | （c） |

图 15-6 结构施工阶段施工模拟

（a）三维模板图控制支顶标高；（b）支模完成后，使用模型进行复核梁底标高及尺寸；
（c）钢结构埋件与密集钢筋节点，提出优化方案

通过上述措施，结构施工质量优良，标高、尺寸误差均在规范允许值以内。项目获得广州市结构优良样板工程。

二、ETFE 薄壳网架结构三维测量定位

项目屋面采用 ETFE 薄壳网架结构，造型新颖，犹如两条鱼嬉戏在珠江。由于钢结构网架几何形状不规则，ETFE 膜安装精度要求高，因此团队建立钢结构模型（图15-7）。

图 15-7 钢结构及幕墙阶段模型

进行网壳分块构件，并标记出网壳安装的三维坐标。对于树形柱及多脚支撑等受力构件的安装定位，模拟其安装角度，保证钢结构的施工精度（图15-8）。

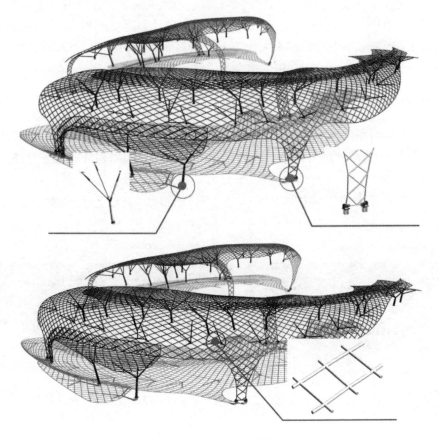

图 15-8 安装角度模拟

为保证ETFE膜安装精度，团队建立了ETFE三维模型工序模拟（图15-9）。

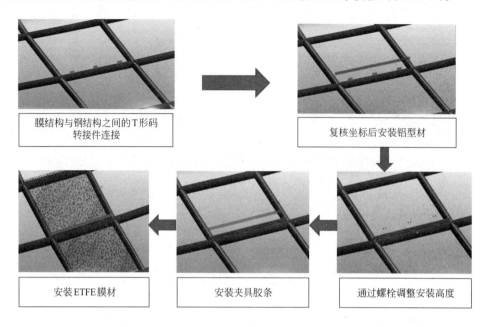

膜结构与钢结构之间的T形码转接件连接

复核坐标后安装铝型材

安装ETFE膜材

安装夹具胶条

通过螺栓调整安装高度

图 15-9　ETFE 三维模型工序模拟

钢结构网壳共有836块构件，安装误差均符合设计要求；ETFE膜结构安装垂直与水平误差均小于5mm，中心位移不大于3mm。项目获得2014年中国钢结构金奖（国家优质工程）及2014年第六届广东钢结构金奖"粤钢奖"。

三、复杂设备机房及大空间地下室机电管线图纸深化

项目地下室面积约6万m²，机电专业多、管线排布密集。团队建立了三维管线模型，以"小管让大管""压力管道让重力管道"等原则，利用BIM模型进行综合平衡，解决碰撞约8000个。

地下室各专业密集管线排布横平竖直、布局合理，满足业主对净空的要求（图15-10）。

图 15-10　三维模型与现场实际对比（一）

图 15-10　三维模型与现场实际对比（二）

　　原设计图纸泵房：消防泵群与湿式报警阀组混排，消防管、喷淋主管及防排烟风管碰撞严重，净空严重不足，控制柜设置不合理。

　　经三维模型优化后：消防泵与湿式报警阀组分开设置，提高了空间利用率。各专业管线顺直，无碰撞。控制柜房单独设置（图 15-11、图 15-12）。

图 15-11　原设计泵房模型

图 15-12　优化后模型

　　通过优化设备机房布置，8 台消防泵及 7 台湿式报警阀组布置得井井有条、控制柜易于操作。

四、基于 BIM 技术的施工仿真分析

在基坑支护与土方开挖阶段，为了加快施工进度，设置了兼做支撑和运输两用的临时钢桥，进行了土压力和重车车载联合作用的工况分析；为确保地铁 APM 线安全运行和加快土方开挖，对原支护设计的钢筋混凝土斜撑因施工周期长改为钢骨混凝土，进行了在主动土压力作用下的模拟计算及稳定分析，基坑变形在允许范围内，钢骨混凝土支撑体系保持稳定（图 15-13、图 15-14）。

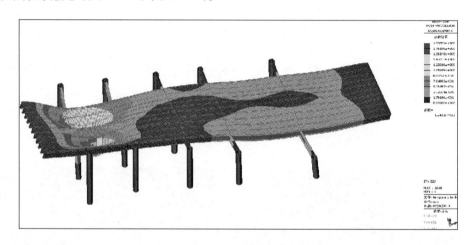

图 15-13　不同工况下临时钢桥受力分析（一）

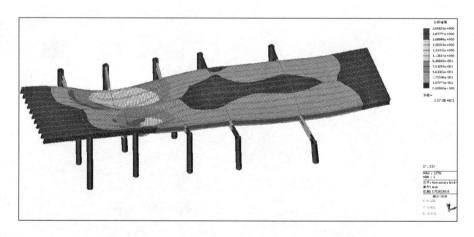

图 15-14　不同工况下临时钢桥受力分析（二）

结构施工阶段，对巨型梁高支模体系及其分层浇筑过程和塔吊设备顶升附墙对结构的影响进行了实际工况模拟分析。确保施工安全（图 15-15、图 15-16）。

钢结构施工阶段，根据施工部署，对东西两侧的双渔网架结构卸载进行了与监测同步的对比分析，变形值在控制范围内（图 15-17）。

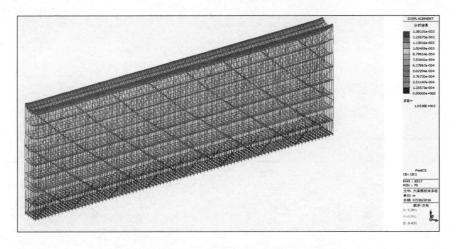

图 15-15　巨型梁支模体系工况分析

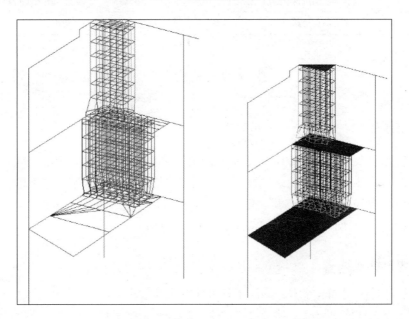

图 15-16　塔吊设备顶升附墙工况受力分析

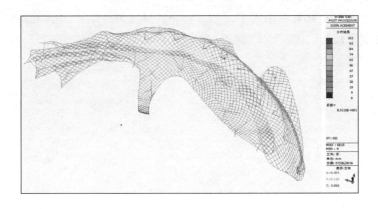

图 15-17　东侧钢结构卸荷后沉降分析

第五节　交付内容与交付格式

本项目交付内容和交付格式如表15-3所示。

BIM 交付清单　　　　　　　　　　　　　　　　　　　　表 15-3

序号	交付内容	交付格式
1	建筑、结构、机电等专业BIM模型	Revit格式模型（*.RVT）
2	施工工艺模拟	图片（*.JPG）及动画
3	钢结构网架模型	Revit格式模型（*.RVT）
4	工序模拟	图片（*.JPG）及动画
5	机电管线图纸深化	深化模型（*.RVT）、管线综合图纸（*.DWG）
6	施工仿真分析	分析报告（*.PDF）

第六节　小结

一、应用效益

宏城广场综合改造工程于2015年底投入使用，各方好评如潮，成为广州新中轴线的标志性建筑。项目获得中国钢结构金奖、广东省建筑业新技术应用示范工程、广州市结构优良样板工程等荣誉称号。共取得广东省省级工法2项、发明专利1项、实用新型专利5项。经建设单位确认，项目应用BIM收益共计230万元。

二、应用心得

（1）项目通过使用BIM技术，提高了各参建方沟通效率。

（2）真正使BIM技术与施工相结合，解决了项目多个施工难题。

（3）节约了施工成本，提高一次成优率，为项目创优奠定了基础。

（4）同时打造一批BIM实用人才，制定企业BIM发展战略，为公司其他大型项目使用BIM技术积累了经验。

第十六章　广州市轨道交通21号线车站设备安装工程Ⅰ标段工程BIM技术应用

第一节　项目概况

工程名称：广州市轨道交通21号线车站设备安装工程Ⅰ标段工程

工程地点：广东省广州市天河区

工程造价：人民币11692万元

开工日期：2018年4月

工程内容：广州市轨道交通21号线车站天河公园站低压配电与照明系统安装、调试；给水排水及消防系统安装、调试；通风空调系统安装、调试；火灾自动报警系统安装、调试；环境与设备监控系统安装、调试；门禁系统安装、调试；装修工程：含设备区的房屋建筑装修及管线孔洞防火防烟封堵、风亭±0.00以上的土建工程、公共区（含通道、出入口）及轨行区广告灯箱的安装、公共区及轨行区喷黑等；地面恢复及市政道路接驳施工；气体自动灭火系统安装与调试；车站地盘及公共区装修协调管理（图16-1）。

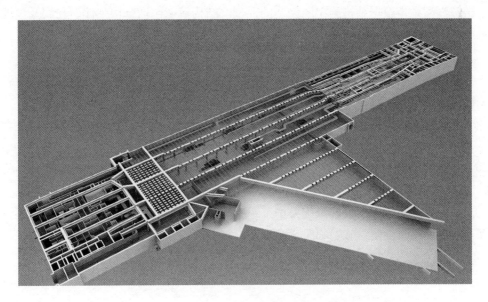

图16-1　天河公园站设备安装工程三维建模图

第二节　建模规则

一、建模原则及范围

1. 建模原则

（1）以有效图纸（施工蓝图、变更修改图）为依据进行建模。

（2）原点设置

1）除标高单位为 m 外，其他尺寸单位为 mm。

2）项目初始建模时，设置项目基点坐标点（X，Y）为（0，0），建模高程设置方式以当前车站有效站台中心线上的轨道顶面高程作为车站机电建模高程参考点。

（3）车站及轨道模型须包括轴网信息。线路总体设计负责提供车站与附属结构、轨道的轴网信息。

（4）模型分为工程模型和设备交付模型。

工程模型：可用于指导施工的模型，模型等级为 LOD300。设备仅需建立外观框架，不需建设备内构件。工程模型的非几何属性主要包括：线路、位置、专业名称、系统、子系统、设备材料类型、设备材料名称、规格型号、模型颜色、各相关附属文件。

设备交付模型：指设备供货商提供的设备模型，模型等级为 LOD400 ~ LOD500。非几何属性主要包括：设备交付模型相关联的信息、设备交付模型各组件数据库信息。

（5）结构建模

结构模型是指根据结构施工图创建的模型。结构模型包括结构主体、孔洞及预埋件信息。

（6）车站机电安装模型

车站机电安装模型是根据车站各专业施工图创建并整合的模型。该模型须满足各专业工程模型颗粒度、构件编码的要求。

（7）设备交付模型须满足设备交付模型颗粒度要求。

2. 临时设施模型

（1）地面临时设施模型：包括加工区域、材料堆放区域、设备转运区域、办公区域、门禁、视频监控等。

（2）车站（轨道）内临时设施模型：包括待安装材料堆放区域、安全防护设施、临时综合线槽、临时消防设施、临时应急疏散设施、门禁、视频监控等。

二、模型颗粒度及表达颜色

1. 模型所包含的信息

工程模型非几何属性信息包括：线路名称、位置名称、专业名称、系统名称、子系统名称、设备材料类型、设备材料名称、规格型号、模型构件编码。

2. 模型表达颜色

设备采用实际颜色，其他构件采用如表 16-1 所示约定的颜色。

机电、系统设备构件与色彩　　　　　　　　　　表 16-1

序号	名称	颜色	颜色值（R, G, B）	序号	名称	颜色	颜色值（R, G, B）
1	送风管		16, 168, 244	23	废水		251, 130, 57
2	回风管		21, 3, 239	24	雨水		254, 251, 78
3	新风管		153.153.255	25	水系统阀门		244, 24, 244
4	排风管		13.18.118	26	强电桥架		1, 117, 8
5	排烟管		5, 59, 129	27	杂散电流电缆及端子		247, 150, 70
6	空调冷冻水供		204, 153, 255	28	低压桥架		146, 208, 80
7	空调冷冻水回		10, 6, 143	29	电气线管、线槽		185, 226, 251
8	空调冷却水供		51, 204.255	30	弱电桥架		1, 204, 24
9	空调冷却水回		77, 64, 172	31	综合监控线管、线槽		0, 204, 204
10	空调热供		255.153.204	32	BAS线管、线槽		173, 196, 60
11	空调热回		187, 3, 123	33	SCADA线管、线槽		193, 253, 253
12	空调冷热供		251, 105, 252	34	FAS线管、线槽		102, 51, 153
13	空调冷热回		153, 0, 153	35	门禁线管、线槽		253, 127, 188
14	空调冷凝水		68, 253, 255	36	通信线管、线槽		102, 102, 51
15	空调蒸汽		193, 253, 253	37	信号线管、线槽		251, 130, 57
16	消火栓管		254, 1, 3	38	AFC线管、线槽		51, 204, 102
17	喷淋管		185.2.5	39	PIDS线管、线槽		0, 153, 153
18	气体灭火		255, 0, 0	40	高压电缆		204, 204, 153
19	高压细水雾		255, 0, 0	41	低压电缆		153, 153, 102
20	冷水		155, 46, 251	42	光纤线缆		255, 255, 153
21	热水		253, 127, 188	43	监控电缆		255, 204, 0
22	污水		125, 56, 0	44	通信电缆		153, 102, 0

三、模型构件编码原则

轨道交通信息模型管理系统是 BIM 技术运用在机电工程建设中的信息平台，负责工程建设信息的收集、分析、统计、传递等环节工作。该平台基于三维模型进行各项应用。为满足进度、质量、安全、档案资料等各项管理需求，模型需与总体进度计划、设备材料信息、施工信息、合同信息、档案资料等各项信息进行关联。因此，须对每个模型构件进行唯一编码，将该编码作为模型构件的唯一识别码。

1. 模型构件编码原则

总体原则：模型构件按以下编码原则进行编码（表 16-2）。

模型构件编码格式　　　　　　　　　　　　　表 16-2

编码层级	01	02	03	04	05	06	07	08
编码组成	线路代码	位置代码	专业代码	系统	子系统	设备材料类型	设备材料名称	序号码
说明	三位，L+线路	三位，字母+数字	四位，字母	不定长，字母	不定长，字母	不定长，字母/数字	不定长，字母/数字	三位，字母/数字

2. 模型构件编码共由8层结构组成，中间以下划线"_"连接。

3. 各层级代码编码原则

（1）第一层（01）为线路代码，三位，由L+线路组成，例如"广佛线"代码为"LGF"。

（2）第二层（02）为位置代码，三位，按车站、风亭、站间区间、站内区间、折返线、区间泵房、联络通道等进行编码（表16-3）。

位置编码规则　　　　　　　　　　　　　表 16-3

位置	代码	备注
车站	Z+数字	第1位代码为Z。后面2位代码根据设计图纸，由小里程向大里程方向对车站顺序编号，例如"鹤洞站"代码为"Z15"
冷站	L+数字	第1位代码为L，后面2位流水号。从北到南，从西到东
站间区间	S+数字（上行）X+数字（下行）	第1位代码上行为S、下行为X，后2位代码根据车站设置，表示此代码的车站到后续代码车站之间的区间
站内区间	T+数字（上行）Y+数字（下行）	第1位代码上行为T、下行为Y，后2位代码根据车站设置，表示此代码车站的区间
折返线	Q+数字	第1位代码为Q，后2位代码流水号；渡线、折返线、出入车厂线代码，从北到南，从西到东
区间泵房	数字+A/B/C……	前2位代码根据车站设置，表示此代码的车站到后续代码车站之间的泵房。第3位代码，按A、B、C……顺序编号
出入段线	C+01（出段线）R+01（入段线）	第1位代码出段线为C、入段线为R

（3）第三层（03）为专业代码，各专业代码如表16-4所示。

专业名称代码　　　　　　　　　　　　　表 16-4

专业	代码	专业	代码
建筑装饰与装修（设备区）	00ZX	建筑装饰与装修（公共区）	ZXGG
建筑电气	PDZM	轨道附属工程	GDFS
通风与空调	00KT	接触网	0JCW
给水排水及消防	00GS	环网	00HW
智能建筑（BAS）	0BAS	疏散平台	00QJ

续表

专业	代码	专业	代码
智能建筑（FAS）	0FAS	变电所	GDXT
智能建筑（ACS）	00MJ	杂散电流	ZSDL
气体灭火	00QT	综合监控	ZKXT
电扶梯	00FT	供电运行安全管理	GDYS
屏蔽门	00PB	信号	0SIG
防淹门	0FYM	通信	0COM
广告灯箱	GGDX	PIDS	0PID
导向	JZDX	AFC	0AFC
轨道	00GD	—	—

（4）第四层（04）为系统代码，第五层（05）为子系统代码，第六层（06）为设备材料类型代码，第七层（07）为设备材料名称代码，第八层（08）为相同设备材料的序号码。

四、模型文件命名规则

1．一般原则

（1）特殊指出应符合某一原则的，说明该原则在此情况中是根本原则，必须遵守。

（2）仅包含汉字、大小写字母 A ~ Z、半角下划线"_"、半角连接线"–"与数字。

（3）半角下划线"_"用以分隔字段。

（4）按照编码、汉字描述、拼音描述、英文描述、英文缩写的优先顺序选择字段的描述方式。

（5）非特殊指出的字段缺省，默认将该字段以及相邻的一个半角下划线"_"省去。

（6）项目管理人员应在项目开始前统一各字段描述方式。

（7）使用且仅使用半角点"."分隔文件名与后缀。

（8）不得修改或删除文件名后缀。

2．设备交付模型文件命名规则

基本形式：专业_设备名称_设备厂商_设备型号_版本_备注

3．工程模型文件命名规则

基本形式：线路_车站/区段_专业_版本_备注

第三节　施工阶段BIM应用

一、利用BIM技术对临时设施的应用

（1）利用BIM技术进行合理布置明确划分办公区、生活区及施工区域。划分各专业材料堆放地，保证材料运输道路通畅，方便施工及加工（图16-2）。

（2）利用BIM技术对临时设施的消防、照明及临时用电进行合理布置（图16-3、图16-4）。

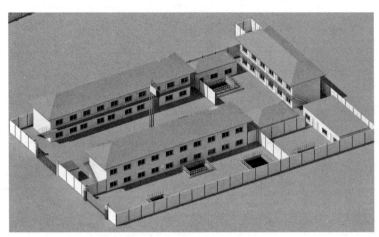

图 16-2　临时项目部外部建筑图

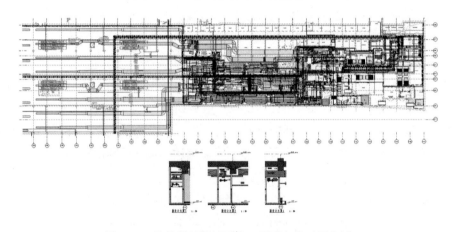

图 16-3　优化前的临时消防、照明与临时用电图

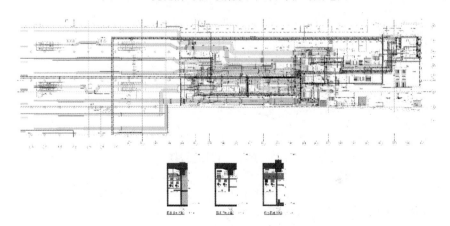

图 16-4　优化后的临时消防、照明与临时用电图

二、BIM 技术在本项目施工进度的应用

（1）利用 BIM 技术使模型与平台相结合，实现建设单位、监理单位及施工单位对工程项目进行精细化管理。每天晚上在平台上对第二天的工作进行派工单，录入当天施工是否全部完成，总进度完成多少。直观反应项目每天的施工计划与实际是否相结合。如有偏差第二天调整人员人数、材料及设备等，及时对项目进度校正，实现每周进度计划偏差数为零，总体进度计划偏差数为零。

（2）每天利用三维模型对工人有针对性地进行施工技术交底，无须到现场再交代落实，实现可视化技术交底。并且利用三维模型结合本工程 WBS 及计划，合理安排安装尺寸、加大吊顶下净空间，提供舒适的视觉效果，从而创造更为优良的工作和服务环境。提早预判，减少返工问题，全面提升专业的工程进度（图 16-5）。

图 16-5 在线信息系统平台施工派工单系统图

三、BIM 技术在本项目施工质量的应用

（1）通过运用三维可视化模拟技术，提高深化设计图纸的质量，减少图纸中错漏碰缺的发生，使设计图纸符合施工现场操作的要求。将设计阶段、工前准备阶段、施工阶段的设备需求、材料需求和场地使用等方面通过模拟建造于同一平台上，使各专业在同一平台上进行沟通和协同。各专业的设计和计划遗留空间和实际等问题可通过项目开始前期协同，提早预判，减少返工问题，从而全面提升专业的工程质量（图 16-6、图 16-7）。

（2）对大型设备运输进行动画模拟，实现预先预留洞口及路径，为大型设备安装提供有力的保障。

本项目在施工前已对大型设备按照一比一的设备比例（例如，扶梯等大型设备）进行建模，并且模拟从站外运输到达安装地点，是否可以运输。合理选择路径，做到预先

预留好各位置的洞口，减少之前因部分大型设备现场路径及预留洞口没有选择好导致大型设备无法安装，从而返工等现象的发生（图16-8）。

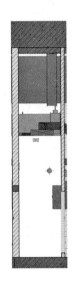
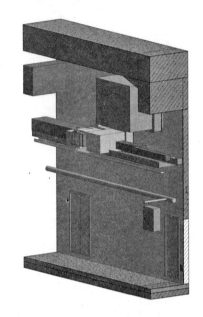

图 16-6　优化前的管线综合图

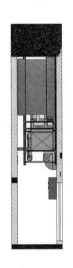
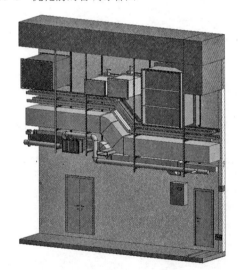

图 16-7　优化后的管线综合图

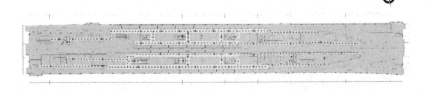

图 16-8　设备和材料的运输路线以及危险孔洞位置的平面图

四、BIM 技术在本项目施工安全的应用

通过编辑模型，可以形象地分析统计施工现场各级危险源，如预留孔洞位置、消防栓覆盖范围、高空作业范围；以及各系统安装风险点，如临设布置、吊装运输路线可行性及安全性、优化风管风口与控制柜净空问题、粗放安装导致同一区域紧邻系统碰撞磨损问题等。通过分析模拟上述问题，提早预判，减少返工，全面提升专业的工程安全管理（图16-9）。

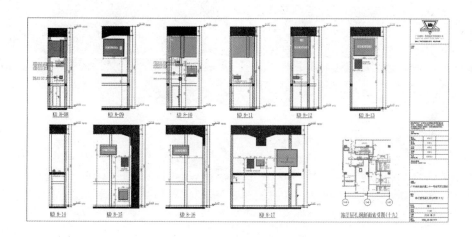

图 16-9　孔洞剖面索引图

五、BIM 技术在本项目施工进行可视化的应用

（1）本项目利用三维模型结合VR（Virtual Reality）技术对重点难点施工区域进行可视化交底（图16-10）。

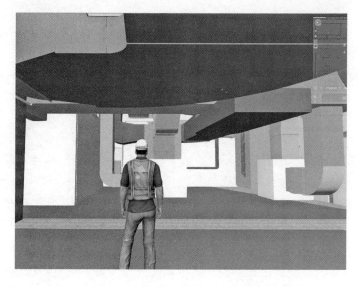

图 16-10　软件模拟施工人员进入管道施工区图

（2）对工序较多、施工难度较大的部位，动画模拟施工安装。通过动画模拟施工及优化，确定各管线施工工序、标高、安装的位置及是否满足人员的操作。不但为现有施工做好施工准备，还为以后运营维护留出足够的空间（图16-11）。

图 16-11　施工模拟的动画过程

六、BIM 技术对本项目材料的应用

（1）材料准确投放：通过BIM技术对各层各区域各专业的施工材料进行统计，实现材料从厂家到现场施工区域的精确投放，减少因材料堆放不合理等情况导致二次及多次转运而浪费人工及时间（图16-12）。

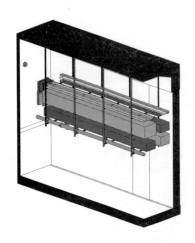

电缆桥架明工程量			风管工程量			
管道名称	尺寸	长度（m）	管道名称	尺寸	长度（m）	面积（m²）
EAS桥架	200×100	7.4	新风管	800×630	9.2	26.31
照明桥架	200×100	7.1	新风管	630×500	8.4	18.99
气灭桥架	150×100	7.7	排风兼排烟管	630×400	8.2	16.98
TXSJ桥架	400×100	7.2	排风兼排烟管	630×400	8.4	17.31
TXDY桥架	200×100	7.1				
管道工程量			风管附件工程量			
管道名称	管径	长度（m）	管道名称	个数		
消火栓管	DN150	1.7	70°防火阀	2		
消火栓管	DN151	6				

图 16-12　材料的三维布置图以及材料信息

（2）材料准确下单实现工厂化预制加工：项目通过三维模型软件实现构件对管道长度按照实际加工长度进行划分，每段管长度均在模型里面进行再现，ID码生成二维码，现场直接扫二维码通过对每段管进行编号下单到工厂直接生产，减少现场加工及施工工期（图16-13）。

（3）材料进场时间得到有效控制：使材料与进度进行关联，当进度到达预设阶段时间，后面需要下单的材料将出现预警，提示相关人员需要对阶段所需的材料进行下单。减少因忘记下单而导致材料没有跟上的问题发生（图16-14）。

图 16-13　材料预制与现场安装图

图 16-14　管理系统管理材料清单和到货时间

七、BIM 技术与电子施工资料结合的应用

（1）BIM 模型贯穿整体项目周期，整合了项目各阶段的完整信息。

（2）在后期针对建设单位需求，对建筑中的部分设备进行信息录入，信息格式包括文档、图片、视频等，信息内容包括型号、作用、说明、制造商等综合完整的设备信息。

（3）完整建筑电子档案交付到建设单位，通过文档的运用，对建筑进行智能化、数字化运维。

（4）将整理好的资料扫描存入云盘，在模型里漫游时如需要查看某设备或某部位的信息，点击链接进入云盘，弹出所要查看的资料。资料包括：开工报告、单位资质、图纸会审、施工组织方案、分部验收资料及表格、单位验收资料及表格、竣工验收报告、备案、各工序针对性照片 50 张、设备移交表、各专业施工技术方案、施工日志、会议纪要、变更设计通知单和工程资料等（图 16-15）。

图 16-15　电子资料上传与系统上归档图

第四节　交付内容与交付格式

本项目交付内容与交付格式如表 16-5 所示。

交付清单

表 16-5

序号	交付内容	交付格式
1	工程模型 包括：车站以单个车站为单位建模（分专业提交），轨行区以单个区段为单位建模（以 1.5km 划分）。	RVT
2	各专业出图	DWG
3	施工场地布置模型	RVT
4	重难点施工工艺模拟交底	MP4/AVI
5	运营维护阶段 BIM 模型	RVT
6	各专业模型的三维审查报告	PDF
7	碰撞检测报告及施工过程中的变更	PDF
8	项目整体施工进度虚拟	MP4/AVI
9	进度计划	PDF
10	深化过程中发现的问题	DOC
11	问题跟踪台账	DOC
12	模型变更记录报告	DOC
13	整合各专业深化模型和录入专用设备信息	PDF

第五节　小结

参建各方效益如下：

1. 施工单位

（1）本项目通过使用BIM技术和管理手段相结合，减少因碰撞或预留不合理的现象导致的返工现象。并且通过模型与人、机、料相结合，合理安排人、机、料的使用，减少窝工或机械和材料跟不上而导致停工现象。从而使得施工进度得以保障，同时降低施工成本。

（2）本项目通过使用BIM技术，建立三维模型、动画模拟施工、VR等，对施工班组工人进行可视化交底，从而更好提高施工质量。

2. 建设单位

（1）本项目通过使用BIM技术及平台结合，对图纸先优化后施工，减少变更的产生，从而有效控制投资资金，节省成本。

（2）建设单位通过平台及时掌控每天及总体进度，了解各方施工重点难点，及时协调各方解决施工重点难点，保障施工进度。

（3）通过平台资料及模型结合，第一时间了解材料到场是否送检、是否监理审批等，实现保障质量控制。

3. 设计单位

通过使用BIM技术使得各专业相互协调，提高出图准确性，减少反复出图修改变更，有效控制设计成本目标。提高设计进度及设计的质量。

4. 供货单位

通过BIM技术保障供货商的供货进度。从开工前就使模型中各种材料需求与进度阶段相结合。根据施工进度推算出每个阶段的材料下单清单，避免出现以往因材料迟下单或者漏下单现象导致供货无法按期完成的案例出现。

第十七章 汕头大学新医学院项目教学楼机电安装工程BIM技术应用

第一节 项目概况

汕头大学新医学院项目位于汕头市金平区汕头大学校区内,有教学楼、能源中心两栋建筑。其中,教学楼由南北两个塔楼和顶层设有一层连体组成"管状"建筑,地下1层,地上11层,建筑东西向长99.56m,高52.9m,建筑面积为38679.92m²,建筑内设有教室、实验室、会议室、办公室和模拟医院等功能;能源中心地上一层,建筑东西向长63.09m,高度5.55m,建筑面积为525.51m²(图17-1)。

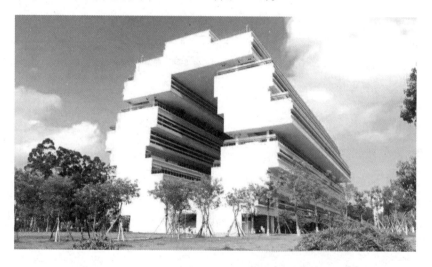

图17-1 汕头大学新学院教学楼效果图

本项目教学楼的机电安装工程包括:通风与空调工程、建筑给水排水工程、建筑电气工程、智能建筑工程、消防工程(包括:自动喷淋灭火系统、防排烟系统、消火栓系统、S型气溶胶气体灭火系统、火灾自动报警系统等)、电梯工程(9台曳引式电梯)以及建筑设备节能工程。涉及通风空调、给水、雨水、污水、废水、热水、消防、喷淋、燃气等管道和高低压、动力、照明、通信、广播、电视、消防自控、楼宇自控、视频监控、计算机网络等各种强弱电系统管线安装。

第二节 建模规则

(1)项目中所有模型统一单位为mm,标注尺寸样式默认为mm,保留到个位数。

（2）模型坐标系与项目真实坐标系统一致，各专业统一项目的坐标、方向、轴网及标高设置，各专业模型均应统一按指定的坐标轴交点作为模型原点。

（3）所有对象的类型必须和实际构件属性保持一致。例如，建筑中的墙必须用墙类型构件建模。

（4）文件命名规则

1）模型的标高命名

楼层标高需注明层号，注明是建筑标高还是结构标高，采用"楼层（建筑/结构标高）_相对标高"的形式进行命名。例如，1F（建筑标高）_H=±0.000。

2）模型的命名

模型文件名称包含项目名称缩写、单体名称、专业、楼层。例如，"汕头大学新学院_教学楼_结构_3F.rvt"。

3）族的命名

一般族命名规则按："图纸名称编号_尺寸"来命名，尺寸乘号用小写 x 代替。

例如，梁柱墙板的命名分别是：

新名称(N):	KL1_200 x 1000 mm
新名称(N):	Z1b_500 x 500 mm
新名称(N):	Q1_250mm
新名称(N):	楼板_140mm

第三节　施工阶段BIM应用

一、BIM 技术主要应用原因

本项目机电工程系统繁多，管线复杂，给管路敷设带来很大难度，尤其是管线敷设的狭窄通道，如强电竖井、弱电竖井、给水排水及空调竖井、公共走道吊顶内、设备层等处布置空间小，管线分布密集，如果各施工班组不考虑空间几何尺寸，各自进行管线安装，将导致大量返工，造成大量人力、物力、财力的浪费，并延误工期。

主要存在以下问题：

（1）为了能够达到建设单位对于净空高度的要求，需合理布置管道，尽量减少管线交叉。一般的做法是绘制管线综合图，只是将各专业的平面布置图进行简单的叠加，在叠加过程中按一定的原则，如小管道避让大管道，有压管道避让无压管道，水管避让电管道等，确定各种系统的管线的相对位置，确定相对位置后，进一步确定各管线的原则性标高，并针对关键位置绘制局部剖面图，最终完成管线综合图。但由于是以二维管线图纸来确定三维管线的相对关系，对于复杂密集的机电管线，将很难指导施工，造成的管线反复拆改便在所难免。

（2）机电施工过程中，涉及许多与土建专业的交差作业，尤其是结构孔洞预留，结构留洞后将很难更改，如果预留预埋图纸不准确，机电管线若就洞位布置将造成过多的不合理翻弯，造成不必要的浪费且影响美观。

（3）该机电工程系统繁多，管线复杂，为减少各专业交叉作业的影响，应制定合理的施工顺序和进度计划，使各方相互配合，相互协调有序的施工。但是，仅根据施工图纸、相关图集、总控计划等资料，制定的施工工序、进度计划存在着盲目限定工期、误工、返工考虑不足等缺陷。

因此，为确保工程施工顺序和工期，避免专业设计不协调和变更产生的"返工"，拟组织机电施工图深化设计，利用BIM技术，对土建和机电施工图纸进行三维建模，对即将施工的土建和机电设备管线进行"预装配"，通过直观的三维模型把设计图纸上的问题全部暴露出来，尤其是在施工中各专业之间的位置交叉和标高重叠问题。通过对各类机电管线进行综合优化，提前解决管线交叉重叠问题，达到净高要求，减少施工过程因变更和拆改带来的损失（图17-2）。

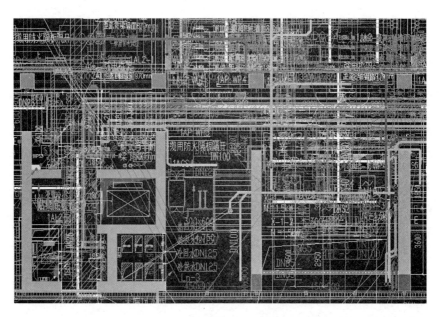

图 17-2　首层机电各专业 CAD 平面图叠加局部图

二、BIM 技术主要应用方法

（1）使用Revit软件，根据二维设计图纸绘制三维模型，将复杂的二维图纸转换为真实的三维模型，利用三维的可视化可以很清晰地发现综合存在的各类问题，配合建筑结构模型对机电管线进行简单的优化调整。在完成简单的优化调整后，将模型导入Navisworks进行碰撞检测，发现一些细微碰撞，并进行调整，针对复杂的管线交叉处，还可以提出合理的修改建议，或让建筑结构做出配合调整。在各专业综合模型调整完毕实现模型零碰撞后，将深化模型图纸报业主、设计、监理单位审批，并在各专业实体施工前对各专业施工班组进行交底，避免施工过程中造成返工和材料浪费等问题（图17-3）。

图 17-3　整体土建模型图

（2）各专业优化调整后的模型，精度可达到指导施工要求，使用 BIM 软件根据机电管线位置，在结构模型中开洞，而根据结构模型中的洞口位置，导出精确的预留预埋图，用于指导预留预埋施工，可以避免结构留洞出现漏留、错留等现象。同时，在建筑墙体砌筑中也采取预留预埋，由于建筑后期防火封堵施工难度大，一步砌筑到位，减少了后期封堵以及现场交叉施工的沟通，提高工作效率，达到降低控制成本的目的。

三、BIM 技术应用主要特点

各专业模型建模要求：由于本工程机电系统多，管线复杂，因此，将各个系统模型分别搭建，后期采取链接的方式将所有模型拼接起来。

在建模前先整理 CAD 图纸，将不需要的尺寸线及构筑物线条去掉，选定统一的原点，方便后期模型综合，然后，将 CAD 图纸导入 Revit 软件中作为底图。

为了方便后期的管线综合，对各专业建模有以下要求。

（1）建筑专业建模要求：楼梯间、电梯间、管井、楼梯、配电间、空调机房、泵房、换热站管廊尺寸、天花板高度等定位准确。

（2）结构专业建模要求：梁、板、柱的截面尺寸与定位尺寸与图纸一致；管廊内梁底标高与设计要求一致。

（3）水专业建模要求：各系统的命名与图纸保持一致；一些需要增加坡度的水管按图纸要求建出坡度；系统中的各类阀门按图纸中的位置加入；有保温层的管线建出保温层。

（4）暖通专业建模要求：各系统的命名与图纸一致；影响管线综合的一些设备、末端按图纸要求建出，例如，风机盘管、风口等，有保温层的管线建出保温层。

（5）电气专业建模要求：各系统名称与图纸一致（图17-4、图17-5）。

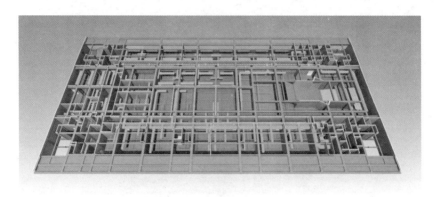

图 17-4　标准层机电综合管线、结构、建筑叠加模型

图 17-5　主体内部综合模型示意图

四、碰撞检测

在保证项目功能和系统要求的基础上，结合装修设计的吊顶高度的情况，对各专业模型进行整合和深化设计，同时在管线综合过程中，遵循小管让大管，压力管让自流管，可弯管让不宜弯管，电走上，水走下的布线原则，进行管线的初步综合调整。

初调完成后，将各专业模型导出格式为.NWC的文件，然后将模型导入Navisworks软件进行机电模型之间和机电模型与建筑结构模型之间的碰撞检测，生成碰撞检测报告（图17-6 ～图17-8）。

五、模型优化调整

根据导出的碰撞检测报告，逐一分析每个碰撞情况，对于一些简单的碰撞，进行内部沟通调整，但是有些涉及净高尤其是公共区域净高不足的情况下，需要及时通知建设

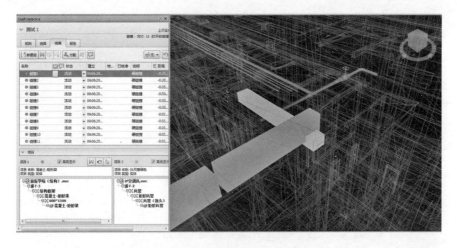

图 17-6　机电管线与结构碰撞情况

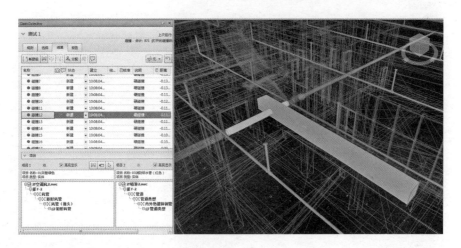

图 17-7　机电管线之间碰撞情况

Autodesk Navisworks 碰撞报告

测试3	公差	碰撞	新建	活动的	已审阅	已核准	已解决	类型	状态
	0.001m	262	262	0	0	0	0	硬碰撞	确定

图像	碰撞名称	状态	距离	说明	找到日期	碰撞点	项目1 项目 ID	图层	项目 名称	项目 类型	项目2 项目 ID	图层	项目 名称	项目 类型
	碰撞1	新建	-0.15	硬碰撞	2014/6/8 02:23.43	x:51.28、y:9.34、z:8.08	元素 ID:911363	F-2	03消防水管（红色）	实体	元素 ID:900289	F-2	01风管绿色	实体
	碰撞2	新建	-0.15	硬碰撞	2014/6/8 02:23.43	x:37.65、y:9.37、z:8.08	元素 ID:911584	F-2	03消防给水管（红色）	实体	元素 ID:900409	F-2	01风管绿色	实体
	碰撞3	新建	-0.15	硬碰撞	2014/6/8 02:23.43	x:51.28、y:9.36、z:7.92	元素 ID:911363	F-2	03消防给水管（红色）	实体	元素 ID:899729	F-2	01风管绿色	实体
	碰撞4	新建	-0.13	硬碰撞	2014/6/8 02:23.43	x:50.67、y:9.86、z:7.93	元素 ID:916395	F-2	03消防给水管（红色）	实体	元素 ID:900276	F-2	01风管绿色	实体
	碰撞5	新建	-0.13	硬碰撞	2014/6/8 02:23.43	x:37.95、y:9.35、z:8.08	元素 ID:911584	F-2	03消防给水管（红色）	实体	元素 ID:900276	F-2	01风管绿色	实体

图 17-8　碰撞检测报告（一）

	碰撞6	新建	-0.13	硬碰撞	2014/6/8 02:23.43	x:81.54、 y:9.41、 z:7.94	元素 ID: 912004	F-2	03消防给水管（红色）	实体	元素 ID: 899729	F-2	01风管绿色	实体
	碰撞7	新建	-0.13	硬碰撞	2014/6/8 02:23.43	x:50.65、 y:8.72、 z:7.93	元素 ID: 916336	F-2	03消防给水管（红色）	实体	元素 ID: 903554	F-2	01风管绿色	实体
	碰撞8	新建	-0.12	硬碰撞	2014/6/8 02:23.43	x:37.65、 y:9.38、 z:7.92	元素 ID: 911584	F-2	03消防给水管（红色）	实体	元素 ID: 900395	F-2	01风管绿色	实体
	碰撞9	新建	-0.11	硬碰撞	2014/6/8 02:23.43	x:25.77、 y:9.32、 z:8.08	元素 ID: 915666	F-2	03消防给水管（红色）	实体	元素 ID: 900507	F-2	01风管绿色	实体
	碰撞10	新建	-0.11	硬碰撞	2014/6/8 02:23.43	x:23.12、 y:19.93、 z:8.01	元素 ID: 921234	F-2	03消防给水管（红色）	实体	元素 ID: 902226	F-2	01风管绿色	实体
	碰撞11	新建	-0.11	硬碰撞	2014/6/8 02:23.43	x:25.77、 y:9.35、 z:8.08	元素 ID: 915666	F-2	03消防给水管（红色）	实体	元素 ID: 900395	F-2	01风管绿色	实体
	碰撞12	新建	-0.11	硬碰撞	2014/6/8 02:23.43	x:23.11、 y:15.44、 z:8.00	元素 ID: 921374	F-2	03消防给水管（红色）	实体	元素 ID: 902122	F-2	01风管绿色	实体
	碰撞13	新建	-0.10	硬碰撞	2014/6/8 02:23.43	x:50.89、 y:9.34、 z:8.08	元素 ID: 911363	F-2	03消防给水管（红色）	实体	元素 ID: 900276	F-2	01风管绿色	实体
	碰撞14	新建	-0.10	硬碰撞	2014/6/8 02:23.43	x:40.18、 y:8.01、 z:7.97	元素 ID: 915091	F-2	03消防给水管（红色）	实体	元素 ID: 903889	F-2	01风管绿色	实体
	碰撞15	新建	-0.09	硬碰撞	2014/6/8 02:23.43	x:73.31、 y:9.95、 z:7.97	元素 ID: 911014	F-2	03消防给水管（红色）	实体	元素 ID: 899729	F-2	01风管绿色	实体
	碰撞16	新建	-0.09	硬碰撞	2014/6/8 02:23.43	x:78.70、 y:8.72、 z:7.97	元素 ID: 912995	F-2	03消防给水管（红色）	实体	元素 ID: 903554	F-2	01风管绿色	实体
	碰撞17	新建	-0.09	硬碰撞	2014/6/8 02:23.43	x:23.13、 y:11.18、 z:7.96	元素 ID: 921263	F-2	03消防给水管（红色）	实体	元素 ID: 902052	F-2	01风管绿色	实体
	碰撞18	新建	-0.09	硬碰撞	2014/6/8 02:23.43	x:32.10、 y:8.01、 z:8.02	元素 ID: 915398	F-2	03消防给水管（红色）	实体	元素 ID: 903948	F-2	01风管绿色	实体

图 17-8 碰撞检测报告（二）

单位、设计单位、监理单位等进行协调，协商解决方案，然后再调整模型，直至综合模型在布局合理的情况下实现零碰撞。

以二层走廊为例分析，此走廊狭窄，管线密集，建设单位要求净空高度要达到 2.6m。运用 BIM 模拟对多个部位进行剖切比较，最终选取了管线安装的最不利部位，对净空高度进行分析，如图 17-9、图 17-10 所示。

剖面所选取的是混凝土梁截面高度最大、管线密集的部位。

如图 17-11、图 17-12 所示的剖面图分析可以看出，在未进行优化调整的情况下，风管与结构梁有碰撞，此时的净高为 2.45m，未达到净高要求。对影响净空高度的因素进行分析如下：

（1）结构梁截面有 600mm×800mm、600mm×1100mm，受结构承载力等设计要求限制，属不可压缩部分。

（2）强弱电线槽尺寸规格较小，容易翻弯，必要时可以翻弯避让其他管道。

（3）喷淋水管也属于容易翻弯管道，因此，必要时也可以翻弯避让其他管道。

（4）空调风管较大，高度较高，因此不易上下翻弯，但必要时可以调整宽高比例，

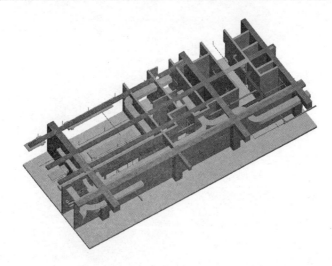

图 17-9　最不利部位优化前模型示意图（顶部透视图）

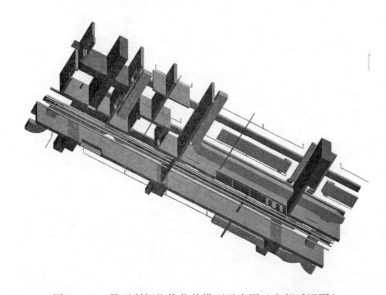

图 17-10　最不利部位优化前模型示意图（底部透视图）

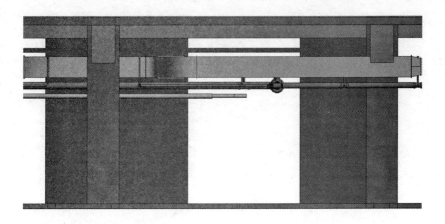

图 17-11　优化前剖面 1（东西剖切）

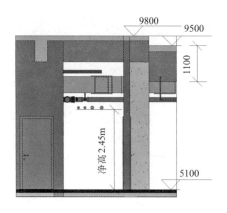

图 17-12 优化前剖面 2（南北剖切）

压扁风管，提高净高。

（5）空调水管是无缝钢管，采用焊接连接，不宜有过多接头，且管道需要保温，因此，不宜翻弯。

根据上述分析，将影响净空高度的因素整理如表 17-1 所示。

影响净空高度的因素分析表   表 17-1

序号	高度（m）	组成部分	高度（m）	分析
1		结构梁	0.8/1.1	不可调
2		强弱电线槽（蓝色）	0.10	易弯
3	4.7m/4.4m	空调风管（绿色）	0.50	不易弯管，但可调整宽高比例
4		喷淋水管（红色）	0.15	易弯管
5		空调保温水管（青色）	0.12	不宜弯管

为实现走廊 2.6m 的净空高度要求，针对上述的影响因素进行分析，然后，对各专业模型进行了以下优化调整：

首先，强弱电线槽还是布置在最上方，线槽底标高 3.6m。其次，考虑构件尺寸相对较大的空调风管，为了避免与走廊右侧结构梁碰撞，需将空调风管下调至与结构梁没有碰撞，这样的话强弱电线槽与空调风管之间将出现较大没有利用的空间，且走廊净高达不到要求。因此，经过讨论，将喷淋水管和空调水管布置在空调风管与强弱电线槽中间，同时，为了保证净高和管道间隙符合要求，经设计同意后，出变更将此处风管尺寸由 630mm×500mm 改为 800mm×320mm，这样调整后，充分利用空间，合理布置管道，可以极大地提升走廊净高。

经过上述优化调整后，不仅解决了机电管线之间和机电管线与结构的碰撞，还将走廊净空高度提高到 2.66m，实现了业主、设计提出的 2.6m 的净高要求（图 17-13 ~ 图 17-17）。

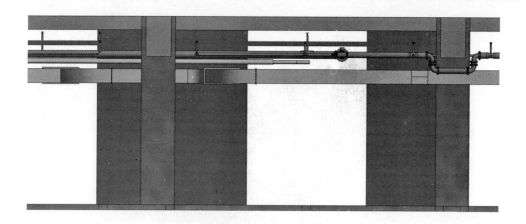

图 17-13 优化后剖面 1（东西剖切）

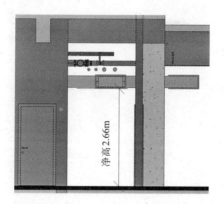

图 17-14 优化后剖面 2（南北剖切）

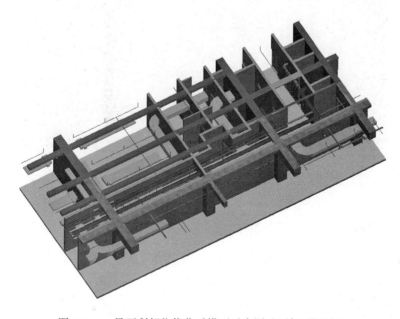

图 17-15 最不利部位优化后模型示意图（顶部透视图）

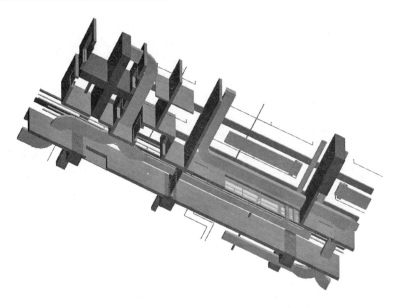

图 17-16　最不利部位优化后模型示意图（底部透视图）

图 17-17　二层走廊综合模型效果图

六、孔洞预留

各专业优化调整后的模型，精度可以达到指导施工要求，为了避免出现结构孔洞漏留、错留的现象，使用 Revit 软件根据机电管线位置，在结构模型中开洞，而根据结构模型中的洞口位置，导出精确的孔洞预留图，用于现场指导预留预埋施工（图 17-18、图 17-19）。

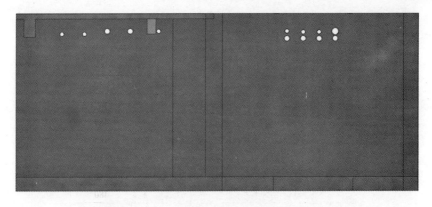

图 17-18　地下一层机电管线过混凝土墙孔洞示意图

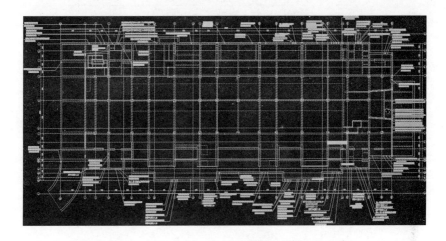

图 17-19　地下一层机电管线过混凝土墙预留孔洞图

利用 Revit 软件的模型算量功能，对地下二层防水套管的数量进行统计，并导出套管数据明细表，使套管能够预先在工厂完成制作加工，再到现场安装施工，减少现场测量制作套管工作，提高套管制作加工的速度和准确性（图 17-20）。

在建筑墙体砌筑中也采取预留预埋，对机电管线穿砖墙处预先开洞，导出精确的孔洞预留剖面图，配合土建施工预留孔洞，减少反复拆改砌筑损失以及后期的防火封堵，提高工作效率，达到降低控制成本的目的（图 17-21、图 17-22）。

七、BIM 应用成果

本项目从开工至结束，通过对机电管线之间以及与结构模型之间的碰撞检测，发现并解决了近千个碰撞点，利用三维模型的可视化进行指导机电安装施工，尤其是管道安装复杂的关键部位，更是从不同角度及不同方位进行技术交底，最大限度地减少了返工量，优化施工流程，提高了整个机电工程安装效率，取得了良好的施工效果。

（1）走廊净空高，管线排布整齐美观（图 17-23、图 17-24）。

（2）设备房设备安装整齐、管道安装整齐划一（图 17-25）。

套管明细表				
序号	族与类型	公称直径	长度	标高
1	套管：刚性防水套管	DN150	480	−1.20
2	套管：刚性防水套管	DN200	480	−1.20
3	套管：刚性防水套管	DN100	480	−1.20
4	套管：刚性防水套管	DN125	480	−1.10
5	套管：刚性防水套管	DN100	480	−0.90
6	套管：刚性防水套管	DN100	480	−0.90
7	套管：刚性防水套管	DN150	480	−1.10
8	套管：刚性防水套管	DN150	480	−1.10
9	套管：刚性防水套管	DN200	480	−1.10
10	套管：刚性防水套管	DN250	480	−1.10
11	套管：刚性防水套管	DN200	480	−1.10
12	套管：刚性防水套管	DN150	480	−1.10
13	套管：刚性防水套管	DN150	480	−1.10
14	套管：刚性防水套管	DN250	480	−1.50
15	套管：刚性防水套管	DN150	480	−1.10
16	套管：刚性防水套管	DN200	480	−1.10
17	套管：刚性防水套管	DN200	480	−1.50
18	套管：刚性防水套管	DN150	480	−1.10
19	套管：刚性防水套管	DN150	680	−1.10
20	套管：刚性防水套管	DN150	680	−1.25
21	套管：刚性防水套管	DN200	680	−1.25
22	套管：刚性防水套管	DN200	680	−1.25
23	套管：刚性防水套管	DN150	680	−1.25
24	套管：刚性防水套管	DN150	680	−1.25
25	套管：刚性防水套管	DN300	680	−1.45
26	套管：刚性防水套管	DN300	680	−1.45
27	套管：刚性防水套管	DN450	680	−1.45
28	套管：刚性防水套管	DN450	680	−1.45
29	套管：刚性防水套管	DN200	480	−1.25
30	套管：刚性防水套管	DN200	480	−1.10
31	套管：刚性防水套管	DN200	480	−1.25
32	套管：刚性防水套管	DN150	480	−1.25
33	套管：刚性防水套管	DN200	480	−2.15
34	套管：刚性防水套管	DN150	480	−1.10
35	套管：刚性防水套管	DN200	480	−1.10
36	套管：刚性防水套管	DN200	680	−1.10
37	套管：刚性防水套管	DN200	680	−1.10

图 17-20　工程量统计

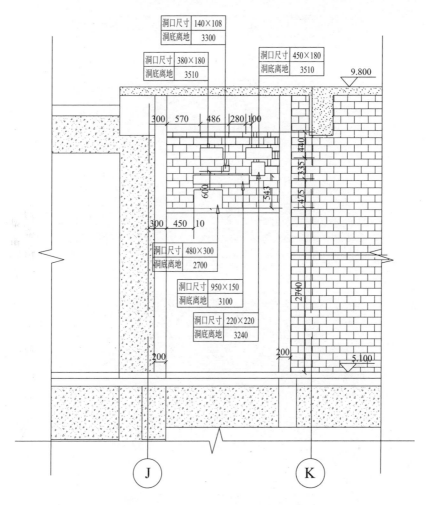

图 17-21　砖墙留洞剖面图

图 17-22　砖墙留洞三维效果图

图 17-23　走廊管线安装完成效果 1

图 17-24　走廊管线安装完成效果 2

图 17-25　设备房设备、管道安装完成效果

第四节　交付内容与交付格式

本项目 BIM 技术服务交付成果有钢结构模型（仅外观造型，RVT）、建筑结构模型（RVT）、机电模型（RVT）、各专业整合模型（NWD）、整合预留孔平立剖（PDF）、管件算量明细表（XLSX）、碰撞检查报告三期（DOCX）、净空优化报告（DOCX）、模型复核现场报告（DOCX）、机房平立剖（PDF）、管线综合平立剖（PDF）等。

第五节　小结

本项目机电工程通过采用 BIM 技术，对三维模型进行碰撞分析、比对，利用三维模型的可视化在各分部分项工程实体施工前发现并解决图纸问题，减少因管线碰撞导致返工，造成不必要的时间、材料、金钱、劳动力的浪费。

通过 BIM 技术指导机电安装，运用施工模拟，提前解决了管线、结构的碰撞问题，减少返工，优化施工流程，从而缩短工期，降低管理成本，也为建设单位提前运营提供了有利条件，创造了间接经济效益。

本次应用 BIM 技术优化了管线综合平衡，节约了资源，模拟施工工序，使机电安装有序进行，管线排布整体美观，有效保证了工程的质量，受到了建设单位、监理单位、设计单位的高度赞扬，同时为公司树立良好的社会形象，创造了较大的社会效益。

第十八章 番禺天河城一、二期机电安装 工程BIM技术应用

第一节 项目概况

本项目位于广州番禺区南村镇里仁洞村迎宾路东侧位置，建筑面积为383250m²，包括一栋200m高的写字楼及其裙楼、一栋160m高的SOHO及其裙楼、下沉广场、两个独立的玻璃盒子、连廊等。本深化设计图纸要求采用三维建筑信息模型（BIM）进行搭建，需完成本项目机电设备、管线及相关建筑信息三维模型的绘制，并使用BIM技术进行错漏、碰撞检查，空间调整，反馈图纸问题，出具错漏、碰撞检查报告并提供优化方案（图18-1）。

图18-1 项目效果图

第二节 建模规则

一、模型规划标准

1. 公共信息

在BIM建模的过程中，必须首先明确项目公共信息的设置要求，确保各方模型能够

正确整合。

（1）统一项目轴网文件，所有建模软件均需原点对齐到该轴网文件。

（2）项目单位设置为 mm。

（3）使用相对标高，以 ±0.000 作为 Z 轴坐标原点。

（4）确定项目北方朝向。

（5）单层文件建模，单层单系统导出 DWG 图纸文件或 NWC 浏览用模型文件。

（6）机电部分楼层标高按结构标高建模。

2．建模依据

（1）模型搭建依据

1）施工图纸等设计文件。

2）总进度计划。

3）当地规范和标准。

4）建设单位其他特定要求。

（2）模型更新依据

1）设计变更单、变更图纸等变更文件。

2）当地规范和标准。

3）建设单位其他特定要求。

（3）系统划分及配色表（表 18-1）

系统划分及配色表　　　　　　　　　　　　表 18-1

序号	系统	子系统	颜色	红 RED	绿 GREEN	蓝 BLUE
通风空调						
		通风		255	255	0
1		排风		255	255	0
		防排烟		255	255	0
2		排风		255	255	0
	空调风			0	150	50
3		送风		0	150	50
4		回风		0	255	255
5		新风		255	0	0
空调水						
	冷冻水			255	0	255
6		冷冻供		255	0	255
7		冷冻回		0	255	255
	冷却水			0	100	200
8		冷却供		0	100	255
9		冷却回		255	200	0

续表

序号	系统	子系统	颜色	红RED	绿GREEN	蓝BLUE
	冷凝水			0	200	0
给水排水						
	给水			0	0	255
10		冷水		0	0	255
11		热水		255	128	128
12		循环水管		255	0	255
	排水			0	0	0
13		重力雨水		0	0	0
14		虹吸雨水		0	0	0
15		重力污水		200	200	0
16		压力污水		200	200	0
17		重力废水		100	50	0
18		压力废水		100	50	0
19		通气管		0	200	200
	消防水			255	0	0
20		消防栓		255	0	0
21		喷淋		150	20	150
电气						
22		强电		255	0	128
23		弱电		128	255	255

二、模型深度等级

在 BIM 应用过程中，由于项目不同阶段的图纸设计深度不同，以及对 BIM 的应用要求不用，故在不同阶段 BIM 模型的精度亦有不同。本项目体量大，如果全部管线进行建模，最终合模浏览将变得不可行。所以除了模型样板段及建设单位特殊要求的区域外，其他区域 DN40 以下管线均不建模。

机电模型在施工阶段标准按 LOD300 等级建模；设备、末端等未确定具体型号及外形参数时降级建模以节省时间。最终工程竣工机电模型交付按 LOD400 等级交付。

三、模型拆分标准

机电模型拆分原则：

（1）竖向拆分以每层为一个单位。

（2）地上部分水平拆分原则上以每层为一个单位。

（3）按项目区域拆分（图18-2 ～图18-6）。

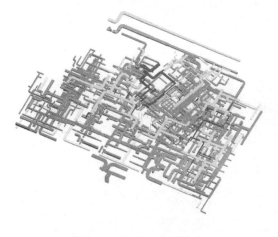

图 18-2　地下室暖通模型

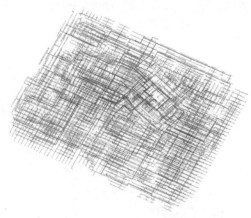

图 18-3　地下室喷淋模型

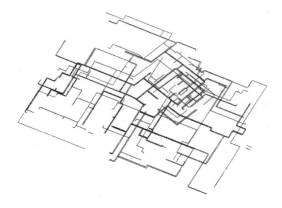

图 18-4　地下室电气模型

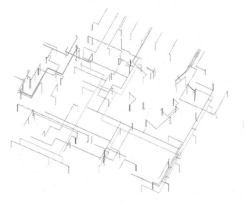

图 18-5　地下室给水排水模型

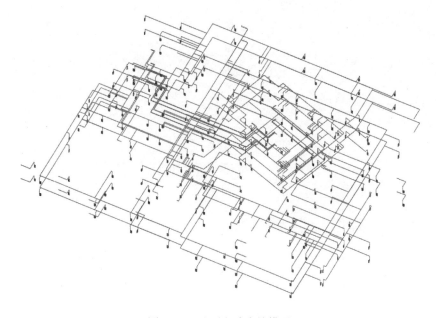

图 18-6　地下室消火栓模型

四、命名规则

1．通用规则

（1）区域划分：实际项目施工区域。

（2）按楼层划分：实际项目楼层，负层用"负"表示，不用"-"。

（3）按专业划分：建筑、结构、防排烟、空调风、空调水、给水排水、消防水、喷淋、强电、弱电。

（备注：建筑和结构合在同一个模型中处理，统一采用标高）

2．模型文件命名规则

（1）按通用规则命名；例如，C3区负一层空调风系统模型文件名称为：C3-负1-空调风模型.DWG。

（2）原始图纸：名称按设计单位提供的施工图纸名称。

（3）参照：里面图纸名称可以不统一。

3．深化图纸命名规则

（1）按通用规则。

（2）开头加××（公司简称）深做深化图纸标示，例如，C3区负一层空调风系统深化图纸文件命名为：××深-C3-负1-空调风系统平面图.PDF（图18-7）。

图18-7　利用BIM模型导出深化图纸共计264张

第三节　施工阶段BIM应用

一、BIM技术应用特点一：隐蔽工程

利用三维模型将隐蔽工程全局可视化。将土建、给水排水、暖通和电气等专业，通过BIM三维模型形象地展示出来。在三维可视化的平台上，展示建筑的性能，平面、立面和剖面的效果等（图18-8、图18-9）。

图 18-8　机电模型

图 18-9　土建模型

二、BIM 技术应用特点二：管线深化设计

基于BIM的管线深化设计，除了能够满足以往二维深化设计图纸的要求外，在三维技术平台上，也能更加直观形象地描述机电设备安装过程中存在的各类节点碰撞问题，并在后期深化图纸上补充相应的局部三维剖面，形成三维管线综合深化设计图，进而以动态三维画面进行施工流程的技术交底。BIM模型贯穿于施工全过程，实现二维图纸到BIM三维模型的转化。辅助图纸复核，对施工分包单位进行可视化技术交底，提高工作效率。通过对各专业方案可视化和BIM模型的整合，实现专业间的冲突检测、三维管线综合、竖向净高控制等（图18-10）。

修改碰撞前

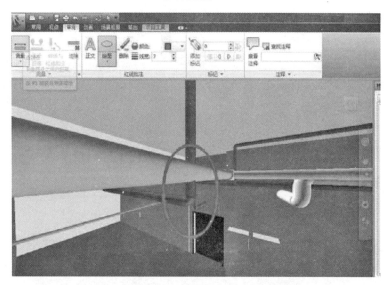

修改碰撞后

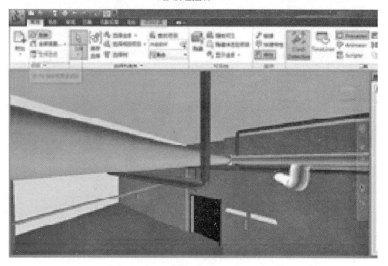

图 18-10　关键节点碰撞交底

三、BIM 技术应用特点三：预留洞口、预埋构件

充分考虑建筑、结构和精装修各专业的协调关系和建设单位对各区域净高的控制要求，优化机电管线排布方案，预留洞口、预埋构件。对建筑物最终的竖向设计空间进行检测分析，并给出最优的净空高度；最大限度上满足建筑使用净空要求。对相关预留、

预埋部位在 BIM 模型重点显示出来，部分复杂部位可以进行碰撞分析及模拟分析并记录整理，以报告呈现（图 18-11、图 18-12）。

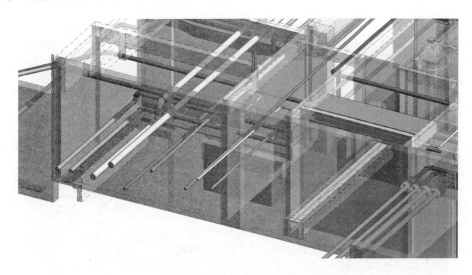

图 18-11　地下室预留洞口

图 18-12　项目 BIM 应用实施方案及 BIM 月度报告

四、BIM 技术应用特点四：施工组织方案模拟

传统的施工组织设计方案主要通过项目的实际要求和经验的积累进行编写。而 BIM 技术的介入，实现施工组织设计的可视化模拟，发现方案中存在的问题和风险，并做出相应的修改，及时调整施工组织设计方案。通过 BIM 三维模型，对施工重难点进行施工工艺的可视化表达，对技术方案进行动画预演，分析工艺技术方案编制的可行性，优化

工艺技术方案，指导施工。亦可利用BIM模型模拟设备吊装的行进路线，实质为动态碰撞检测的具体应用。与此同时，对于工艺预演的过程，可同时考虑危险源，做到安全施工（图18-13、图18-14）。

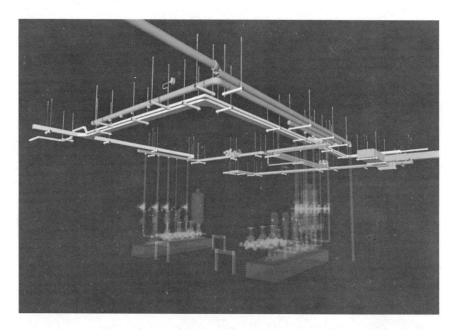

图 18-13　机房安装模拟

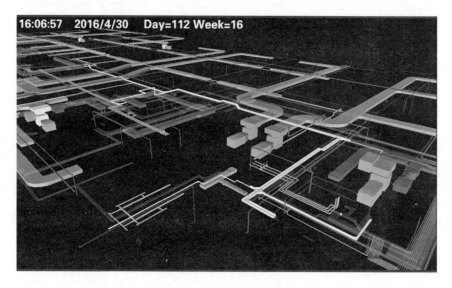

图 18-14　地下室安装模拟

五、BIM技术应用特点五：综合支吊架设计

在经过管线平衡布置后的机电综合施工模型的基础上，通过Magicad软件的综合支吊架布置功能，完成支吊架的形式、平面设计、大样设计、材料统计、支吊架验算等。

以最终的施工图纸为作业依据，根据现场施工安装要求与工序安排，开展施工阶段的综合支吊架设计。通过三维模型进行碰撞检查，优化调整模型，辅助绘制施工图纸，达到指导施工的要求（图 18–15、图 18–16）。

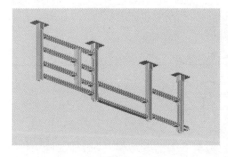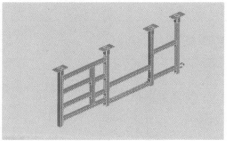

图 18–15　综合支吊架三维效果图

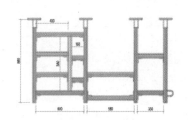

图 18–16　综合支吊架平面图及材料表

第四节　交付内容与交付格式

一、交付内容

1. 碰撞分析报告

交付碰撞分析报告时提供表格化检视，包含以下内容（表 18–2）。

碰撞分析报告表格　　　　　　　　　　　　　　　　　　　　　表 18-2

项目	碰撞影像	碰撞距离	碰撞点位置	碰撞物件名称	疑问及建议解决方案
说明	显示模型碰撞位置影像，并显亮碰撞物件	显示物件与物件间碰撞叠复距离	包含构造物与碰撞物件所在楼层位置，可以提供柱心线或者楼层资讯	相互碰撞两物件的物件名称	根据相互碰撞情形，模拟解决方案，召开协调会议讨论

2. BIM 模型

（1）BIM 模型交付项目时，提供以下内容（表 18–3）。

BIM 模型交付内容表格 表 18-3

交付项目	说明	备注
建筑、结构 BIM 模型	包含结构与建筑模型	交付的 BIM 模型能够提供给业主查询 3D 展示、碰撞分析等
机电工程 BIM 模型	包含给水排水、电力、消防、空调等分项 BIM 模型	
BIM 模型原件	包含结构（墙、柱、梁、楼板）、建筑（墙、楼板、坡度）、机电（风、水、电）等设备设施元件	

（2）BIM 质量审核

审核节点：BIM 实施成果交付前。

审查依据：国家建设工程相关规范规程、项目 BIM 标准、项目 BIM 实施方案。

审核形式：项目 BIM 阶段成果交付审查会。

审核人员：项目技术负责人、BIM 经理、项目各参与方 BIM 负责人。

审核内容：提交 BIM 模型及成果质量是否满足相关要求；模型精度是否满足 LOD 标准并与实际（设计图纸、施工现场）相符；模型信息是否完整；提交成果是否满足相关要求。

审核结论：BIM 成果深度满足项目要求（图 18-17 ~ 图 18-19）。

图 18-17 地下一层模型与现场对比照

图 18-18 小 L 塔楼标准层样板段模型与现场对比照

3. BIM 模型施工模拟动画

施工模拟动画在解决施工组织、施工安排、工序及工作面穿插的核心问题上，还起到了安全措施检查、缩短工期、技术方案决策的作用（图 18-20）。

图 18-19 利用 BIM 技术深化后的现场实物图

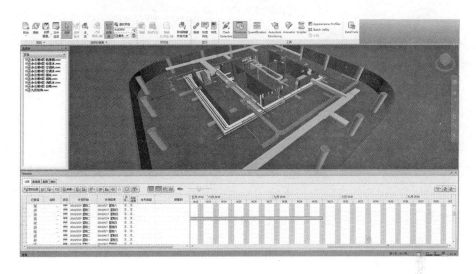

图 18-20 办公室 8 层施工模拟动画

二、交付格式

1. 原始文件格式

（1）原始文件输出格式主要有 *.fbx、*.obj、*.dae、*.dwg、*.e00、*.skp、*.max、*.3dm、*.rvt、*.rfa、*.rte、*.nwd、*.nwf、*.nwc、*.db1、*.T 等。为保证数据的完整性，尽量保持原有的数据格式，避免数据转换造成的数据损失，采用 BIM 建模软件的原有数据格式。

（2）IFC 文件格式。IFC 标准输出的文件格式为 *.ifc。

（3）其他文件格式。其他文件输出格式主要有 *.cgr、*.dwg、*.dgn、*.pln、*.vwx、*.pdf*、*.ls5、*.ls6、*.ls7、*.ls8。其他文件格式输出包含浏览文件输出和发布文件输出等。浏览文件输出主要保证浏览建筑工程信息模型文件流畅性。

2. 碰撞分析报告交付格式

碰撞分析报告包含以下格式，供监理单位、设计单位、建设单位检视：

（1）电子版成果报告，以表格化方式呈现，导出为 PDF 文件。

（2）纸质文件版报告，以文书或者表格化方式呈现。

（3）HTML成果报告，以表格化方式呈现，并可以网页动态链接碰撞位置。

递交分析报告后，依据实际协调情况或者设计单位、建设单位指令进行模型变更修改，并提供建设单位相关变更后分析成果及修正后BIM模型。

3．BIM模型成果交付格式

依据项目实际图纸完成模型后，将成果刻录成光盘文件，建设单位在无须另行购买软件的情况下，即可检视各三维BIM模型的内容，包括：

（1）依据项目不同系统建立各分项BIM模型，例如，结构、给水排水系统、电力系统、消防系统、空调系统等模型。

（2）依据项目不同系统建立索引目录，以方便建设单位开启BIM模型并进行展示。

4．BIM模型施工模拟动画交付格式

BIM模型施工模拟动画交付格式主要包括nwc/nwd。

第五节　小结

本项目结合传统施工管理经验，利用BIM技术为项目的生产与管理提供了大量可供深加工和再利用的数据信息，有效管理和利用这些海量信息和大数据，需要数据管理系统的支撑。同时，BIM各系统处理复杂业务所产生的大模型、大数据，对计算能力和低成本的海量数据存储能力提出了较高要求。项目分散、人员工作移动性强、现场环境复杂是制约施工行业信息化推广应用的主要原因，而随着信息技术和通信技术的发展，BIM技术最终将进入移动应用时代！

参考文献

［1］刘海阳. BIM技术应用现状及政府扶持政策研究［M］. 北京：经济管理出版社，2018.

［2］广州市建设科学技术委员会办公室主编. 建设工程BIM实践与项目全生命期应用研究［M］. 北京：中国建筑工业出版社，2017.

［3］广东省住房和城乡建设厅. 广东省住房和城乡建设厅关于开展建筑信息模型BIM技术推广应用工作的通知，2014.

［4］广东省住房和城乡建设厅. 广东省住房城乡建设系统工程质量治理两年行动实施方案，2014.

［5］深圳市人民政府办公厅. 深圳市建设工程质量提升行动方案（2014—2018），2014.

［6］深圳建筑工务署. 深圳市建筑工务署政府公共工程BIM应用实施纲要和《深圳市建筑工务署BIM实施管理标准》，2015.

［7］深圳建筑工务署. 深圳市建筑工务署BIM实施管理标准，2015.

［8］广州市住房和城乡建设委员会、广州市发展改革委员会、广州市科技创新委员会，等. 关于印发加快推进我市建筑信息模型（BIM）应用的意见，2017.

［9］广州市人民政府办公厅. 广州市人民政府办公厅关于大力发展装配式建筑加快推进建筑产业现代化的实施意见，2017.

［10］杜鹃. 广州政府投资项目或将全面实施装配式建筑［N］. 人民日报，2018-06-14.

［11］DBJ/T 15-142-2018，广东省建筑信息模型应用统一标准［S］.